生命とは何か
それからの50年
未来の生命科学への指針

What is Life?
The Next Fifty Years
Speculations on the future of Biology

M.P.マーフィー
L.A.J.オニール
共編

堀 裕和
吉岡 亨
共訳

培風館

What is Life? The Next Fifty Years

Speculations on the future of biology

edited by

Michael P. Murphy & Luke A. J. O'Neill

エルヴィン・シュレーディンガーの著作『生命とは何か』は、分子生物学の発展に対して大変大きな影響を与え、生命において物理学的な基本を見出そうとするワトソンやクリックのような科学者たちを刺激するものであった。シュレーディンガーの本の魅力の多くは生物学における中心的な問題へのアプローチにある。それは、遺伝や秩序を維持するために生き物がどのようにエネルギーを使うかを物理学者の視点から説いたというものであった。

ダブリンのトリニティカレッジで、多くの分野の傑出した科学者たちが『生命とは何か』の五〇周年を祝うために集まり、五〇年前のシュレーディンガーがそうしたように、生物学の現在の中心的な問題について、それぞれの視点から講演がなされた。その講演者は、ジャレド・ダイアモンドやクリスチャン・ド・デューブ、マンフレッド・アイゲン、スティーヴン・ジェイ・グールド、ジョン・メイナード・スミス、ロジャー・ペンローズ、ルイス・ウォルパートらである。

(写真左から)　スティーヴン・ジェイ・グールド，ジョン・メイナード・スミス，ルイス・ウォルパート，スチュアート・カウフマン，ロジャー・ペンローズ，ジェラルド・エーデルマン，ウォルター・ティリング，レスリー・オーゲル（写真は Margaret Worrall による）

序　文

ダブリンのトリニティカレッジで一九九三年九月二〇日から二二日にかけて、エルヴィン・シュレーディンガーの「生命とは何か」の講義から五〇年経たことを祝って講演会が開催されました。この会では、シュレーディンガーの講義のやり方をまねて、多くの分野の科学者たちが今後五〇年の生物学の進展について推測を行うというものでした。本書には、この会の内容がほとんど盛り込まれているだけでなく、講演できなかった科学者からの寄稿も二、三含まれています。

編者は、オターゴウ大学、ウエルカムトラスト、ダブリンのオーストリア大使館、ロンドン生化学会、TCDアソシエーション&トラスト、アドバンストスタディ研究所（ダブリン）、ロイヤルアイリッシュアカデミー、バイオリサーチ（アイルランド）、ブリティッシュ・カウンシル、バイオトリン・インターナショナル、ファルマシア・バイオテクの多大なる支援に感謝の意を表します。終始、私たちを助け、アドバイスいただいた、トリニティカレッジ（ダブリン）科学部長　ジョー・キャロル博士、ユニバーシティ・カレッジ（ダブリン）のニューマン・フェロー　マーガレット・ウォーラル博士、トリニティカレッジ（ダブリン）生化学教室のティム・マントル博士、トリニティカレッジ（ダブリン）のアレックス・アンダーソンさん、アドバンストスタディ研究所（ダブリン）のジョン・ルイス教授、トリニティカレッジ（ダブリン）遺伝学教室のデヴィット・マッコーネル教授、トリニティカレッジ（ダブリン）生化学教室　キース・ティプトン教授、オターゴウ大学（ダニーディン）生化学教室のマーヴ・スミス助教授、ダブリンのガレット・フィッツジェラルド博士、フランス・カルロスのルイス・レ・ブロッキィさんに心より感謝申し上げます。

目次

第一章　序、生命とは何か――それからの五〇年

マイケル・P・マーフィー[*] & ルーク・A・J・オニール[**]

* オタークゴウ大学生化学教室、ダニーディン
** トリニティカレッジ生化学教室、ダブリン

この本は、一九九三年九月に、ダブリンにあるトリニティカレッジで行われた会議の報文集である。この会議は、一九四三年にエルヴィン・シュレーディンガー（Erwin Schrödinger）によって、トリニティカレッジでなされた『生命とは何か』と題された一連の講義の五〇周年を記念して開かれたものである。ノーベル賞を受けた物理学者であり、量子力学の創始者の一人であるシュレーディンガーは、一九三九年に、当時のアイルランドの首相であったエーモン・デ・ヴァレラ（Eamonn de Valera）の招待によって、新設されたダブリン高等研究所の理論物理学教授職に就くためにダブリンへやってきた（Moore 1989; Kilmister 1987）。この招待は、彼が、グラーツ大学の理論物理学教室の教授職をナチドイツによるオーストリア併合の後に免職されたことに続くものであった。シュレーディンガーは、ダブリンが気に入りよく調和して、市の知識人の間では指導的存在となった。彼は一九五六年にオーストリアに戻るまでダブリンにとどまり、その五年後に亡くなった。

シュレーディンガーは幅広い知的興味を持っており、ダブリン滞在中に、理論物理学の仕事を続けると同時に、哲学と生物学の領域も探求した。この本では、シュレーディンガーが生物学に関して考えたことを取り扱う。シュレーディンガーは、『生命とは何か』という本の中で、生物学における二つの主題に焦点を当てている。すなわち、遺伝の本質と生命系の熱力学である。シュレーディンガーの遺伝学に対する見解にはデルブリュック（Delbrück）が影響し、また一方で、生命系の熱力学に関する彼の研究の多くはボルツマン（Boltzmann）に刺激されたものである。シュレーディンガーは、生物学における最初の考察を発表するのに、公開講義を選んだ。年一回のそのような公開講義は、ダブリン高等研究所の法令に定められた一つの義務でもあった。一九四三年二月、シュレーディンガーはダブリンのトリニティカレッジにおいて、一般聴衆を前に、三つの連続講義を行った。これらの講義は、ダブリンの市民にとって人気のあるものだったので、四〇〇人を超す聴衆が講義を通しで聴いた。その講義の人気の一部が、その挑発的なタイトルにあり、中立を守ったアイルランドでは「非常事態」と呼ばれた第二次世界大戦中で楽しみが限られていたことは疑いないが、それに加えて、シュレーディンガーは聴衆を魅了できる傑出した演説家であった。

ケンブリッジ大学出版局によって講義録（Schrödinger 1944）が出版されると、それは世界中に相当な衝撃を与えた。この本は広く読まれ、科学の歴史の中でも最も影響力のある小冊子となった（Kilmister 1987）。しかし、驚くべきことに、この本が分子生物学の創始者たちに相当の影響を与えた（Judson 1979）ことは広く認められているにもかかわらず、『生命とは何か』が果たした明確な役割についてはなお論争がある（Judson 1979; Pauling 1987; Perutz 1987; Moore 1989）。疑いもなく、その本の魅力と影響力の一部は、明快な文章と説得力のある論旨に支えられている。シュレーディンガーは、自分自身を素朴な物理学者と称しながら、生命系をどのような具合に物理系と同じ方法で考察しうるかを明らかにした。この研究方法が、その頃すでに広まっていたことは明らかであるが、『生命とは何か』はその考え方を広め、生物学の問題を考えるときが来たと自然科学者たちを力づけた。

その本に盛り込まれた真のアイディアとは何だったのだろうか。シュレーディンガーは、形質遺伝と熱力学についての彼の思考に基づいて、二つの主題について議論している。そのうちの一つは、通常「秩序からの秩序」の主題と呼ばれ、シュレーディンガーは、生物がいかにして世代から世代へと情報を伝えるかについて議論した。彼は遺伝子に関するこれらの議論の基礎として、ティモフィーフ・レソルブスキー、ジンマー、デルブリュックらによって書かれた、ショウジョウバエの突然変異に関する有名な論文を用いた（Timoféeff-Ressovsky, Zimmer & Delbrück 1935）。彼らの論文では、遺伝子のサイズは一千原子程度と見積もられている。細胞が直面する問題は、いかにしてこのサイズの遺伝子が熱的崩壊を生き延びて、次世代に情報を受け渡すかということである。シュレーディンガーは、遺伝子はおそらくこの問題を避けるために、その構造の中に情報をコードとして記録した、ある種の非周期性結晶になっているのであろうと提唱した。周知のとおり、この予言は、分子生物学のセントラルドグマを導いたＤＮＡの構造の研究によって裏づけられた。シュレーディンガーが取り扱ったもう一つのテーマは、「無秩序からの秩序」である。生物が直面する問題は、彼らの確率的にめったに起こりそうもない秩序だった構造を、熱力学第二法則に対してどう維持するかということである。シュレーディンガーは、生命体が環境に無秩序を生み出すことによって、自分自身の中の秩序を保っていることを指摘した。しかしながら、この過程に対して彼が造語した「負のエントロピー」という概念は、他の科学者には受け入れられていない（例えばPauling 1987）。

シュレーディンガーの講義から五〇年の間に、私たちは「秩序からの秩序」の主題になじみ、この五〇年間における分子生物学の驚くべき成功は、このアイディアが含意していた問題を解決したものであるとみなすことができよう。『生命とは何か』の高い評判は、このことによるのである。それに比べると、「無秩序からの秩序」の主題はこれまでのところ、あまり重要視されてこなかった。しかしながら、平衡からずらされた系や散逸構造の研究が生命系に適用されつつある今、この主題の重要性が再び主張されるようになった。おそらく今から五〇年のちには、『生命とは何か』は、遺伝子の構造の予言というより、むしろ、生命系の熱力学的取り扱いに対する予言とみなされているであろう。

この本の影響は認められているが、そこに言い表されているアイディアは、ある人たちからはオリジナルなものではないとかまちがっているとか批判され（Pauling 1987；Perutz 1987）、また一方で、擁護もされている（Moore 1987；Schneider 1987）。たしかに、『生命とは何か』の中で明示されていることの多くは、それ以前の研究において暗示されていたことである。しかしながら、こうした批判は、おそらく、この本の独自性についての重大な点を見逃している。それは、自分自身の専門分野からさまよい出て、まったく関係のない分野へ入り込んだ物理学者が、研究を刺激したということである。挑発的な問題を学際的に提起するということは、科学においてふつうではなく、そして『生命とは何か』においては、一人の物理学者の熟考がその後の研究者たちを啓発したのである。そして、五〇年前に行われたシュレーディンガーの講義を記念してこの会を催すのも、まさにこの精神なのである。こうして私たちは、科学者たちが未来の生物学を予測した多くの論文をひとまとめにしたのである。この本に盛られた内容は、いずれまちがっていたということになるかもしれない。しかし、こうした探究精神こそが、五〇年前の『生命とは何か』の出版を記念する最もよい方法であろうと信じている。

引用文献

Judson, H. F.（1979）. *The Eighth Day of Creation: Makers of the Revolution in Biology.* New York: Simon & Schuster.

Kilmister, C. W. ed.（1987）. *Schrödinger: Centenary Celebration of a Polymath.* Cambridge: Cambridge University Press.

Moore, W. J.（1987）. Schrödinger's entropy and living organisms. *Nature* **327**, 561.

Moore, W. J.（1989）. *Schrödinger: Life and Thought.* Cambridge: Cambridge University Press.

Pauling, L.（1987）. Schrödinger's contribution to chemistry and biology. In *Schrödinger: Centenary Celebration of a Polymath,* ed. C. W. Kilmister, pp. 225-233. Cambridge: Cambridge University Press.

Perutz, M. F.（1987）. Erwin Schröinger's What is Life and molecular biology. In *Schrödinger: Centenary Celebration of a Polymath,* ed. C. W. Kilmister, pp. 234-251. Cambridge: Cambridge University Press.

Schneider, E. D. (1987). Schrödinger's grand theme shortchanged. *Nature* **328**, 300.

Schrödinger, E. (1944). *What is Life? The Physical Aspect of the Living Cell*. Cambridge: Cambridge University Press.

Timoféeff-Ressovsky, N. W., Zimmer, K. G. & Delbrück, M. (1935). *Nachrichten aus der Biologie der Gesellschaft der Wissenschaften Göttingen* **1**, 189-245.

第二章　二〇世紀の生物学のうち何が生き残るだろうか

マンフレッド・アイゲン
マックスプランク研究所　生物物理化学部門、
ゲッチンゲン

謝　辞

この講演の原作は一九九三年に出版された本、『未来における人間と技術（*Man and Technology in the Future*）』の中にあり、それはストックホルムにあるスウェーデン王室技術科学アカデミー主催の国際セミナーの抄録としてまとめられたものである。

「人間はこれからいずこへいこうとするのか」

今世紀も最後の一〇年に入っている。これまで、人間の生活にこんなに甚大な影響を及ぼした世紀はなかった。おそらく、今世紀ほど人の意識に深く根を下ろすほどの憂慮と恐怖をもたらした時代はなかっただろう。人々は疑い深くなってしまった。今や、ある発見が人々の知るところになったとき、最初に発せられる質問は「それは人間にとって何の役に立つのか？」（以前はそうであった）というものではなく、「それはどんなダメージを引き起こすのか、どの程度私たちの健康や幸せを損なうのか」というものになってしまった。現在の私たちの幸福な状態は、主に科学的な知識から授かったものである。それは七五歳にも達する平均寿命をもたらし、これは生物学的に自然な年齢の限界に近づいている。今世紀の初めには、平均寿命はわずか五〇歳であり、前世紀の初頭にはたった四〇歳であった。開発途上国においても、まだ私たちからは五〇年遅れているけれども、平均寿命のカーブは上昇している。こうしているうちに、私たちの平均寿命は上限に近づいている。しかし、これまで決してなかったことだが、私たちは未来を憂慮をもって覗き込むのである。このことは、政治の分野において、ヒューマニティにそそのかされて起きた今世紀の最も由々しい、かつ最もグロテスクな発展のいくつかが修正の過程に入っているようだという事実にかかわらずである。おそらく、今世紀最後のこの一〇年間には、そのような変化が本当によりよいものであるかどうかを決められそうもないのである。

この一〇年は、今世紀を閉幕させるのみならず、新しいミレニアムへの案内役となる。私たちはこれまで来た道を省みて、進みゆく道を熟考するよう駆り立てられていると感じている。私たちの境遇は、次の問いの中に自覚されてきている。「いったい人類は来るミレニアムの終末まで生き長らえていけるものだろうか。」一千年にまたがる三十数世代の二から三世代を、私たちは直接経験してきた。三〇世代も、本の一頁を割けば列挙できるようなものであろう。しかし、それにもかかわらず、一千年の歳月は私たちの理解を拒む。実際、シャルルマーニュ*が、私たちの時代に対して

＊訳者註：Charlemagne 742-814、中世ヨーロッパのフランク王国の国王

何を予言できただろうか。過去についての正しい知識は未来の予測に不可欠なものであるが、しかし、たとえそうであっても、真に新しいことは依然として驚きなのである。基礎科学においてもこの状況はまったく変わりない。新しい洞察こそが、あらゆる新しい好機に満ちた世界を切り開くことができる。さらに、私たちの日常生活を形づくっているすべてのものごとは、基本的にその直近の発見と洞察に依存している。私たちが未来について本当に言えることのすべては、自明の理である。すなわち、私たちの生活様式の変化が、来るべきミレニアムには、今、終末に向かいつつある世紀よりもなお過激なものとなるだろうということである。

世界の全人口は今、双曲線的に増加している。この双曲線的というのは、通常このような課題を扱う文献で引き合いに出される指数関数的な増加とどう違うのであろうか。指数関数的な増加は、等しい時間間隔ごとに継続的に二倍二倍と増加していくことを示している。しかし、双曲線的な増加では二倍になる時間間隔が着実に短くなっていることを示す。出生率が一定のパーセンテージであるだけで指数関数的な人口増をもたらすが、加えてさらに発展途上国における幼児や子どもに対する衛生状態や医療の改善の結果として、出産可能な人間の数が増えている。最近の世界人口倍増には、わずか二七年しかかからなかった。一九九三年現在の地球上の人口は五五億である。もし過去一〇〇年間の人口増加を正確に表してきた双曲線則に従ってこの状況が続くとするならば、二〇二〇年には一二〇億人が存在することになり、二〇四〇年にはなんと増加曲線が漸近的に無限大になってしまうのだ！　メディアにこう報道されているのが目に見えるようだ。「科学者が二〇四〇年の人口増加カタストロフィーを予言」と。だが、すぐにあわてないでほしい。私が自信をもって言えることは、こういうことは起こらないだろうということなのである。それは起こりえない。なぜなら、地球上の資源は有限だからである。私たちは、来る世紀が私たちをどこに導いていくかを知らない。しかしながら、私たちの境遇の真に危険な局面は、この宿命的な不可知論にあるのではない。それよりもっと私たちを当惑させるのは、現在の人口増加の様子から、たとえ原理的にさえ、何も導き出せないということなのである。そういった特異点の近傍では、最小のゆらぎさえも増幅されて、莫大な効果を生むにいたる。ゆえに、小規模であれ、たとえ地球規模であれ、カタストロフィーは世界人口の増加を制限するだろう。そのようなカタストロフィーは、私たちにとっておそらく新しいものではない。また、私たちは進行するカタストロフィーの前では無力であることも知っている。そして、子だくさんの危機を切りぬけて人類の生存(あるいはより少ない人口単位での生存)が守られねばならぬという新時代の要求には調和しても、倫理的に具合の悪いこともいろいろとあるのである。

私がこのような話をすると、産業国の人口はずっと前に平衡に達しているではないかと反論したくなると思う。それどころか、いくつかの国では人口が減少している。それにもかかわらず、私たちの人口密度はあまりに大きいので、それを大陸全体に拡張したなら、三〇〇億から四〇〇億の人口になってしまう。ロジャー・レベール(Roger Revell)の研究によれば、その三〇〇—四〇〇億という数は、考えうる地球資源を総動員して維持できる、ぎりぎり最大の数らしい。地上のありとあらゆるところの食物の収穫が、レベールがこの説を唱えたときの局所的な最大収穫量(例えば米国アイオワ州のトウモロコシの収穫量に相当する)まで増えたとしても、そのような人口をどうにか養うのに必要な量にすぎない。したがって、一般的な意味での繁栄は、もはや期待できない。なぜならば、レーベルの計算値は、十分な生産量がある少数の地域を考慮したものであって、ほとんどの地域では破局的な不足が起きるであろう。この分析では、すでに制御しきれなくなってきている環境問題については言及すらしていない。また、資源の開拓やエネルギー生産における隘路についても、衛生や医療の危機的な状態についても、何も言及していない。

これでイントロダクションはもう十分に違いない。私は、人類の発展がおしまいまで演じられる舞台の背景を描いてみたいと思ったのである。科学の未来やそれに関連する私たちの期待、つまり恐怖や希望を考えるにあたって、その背景を見失ってはならない。

それでは本題に立ち戻って、私の解説を現状の評価から始めよう。

二〇世紀の生物学

前半の五〇年を原子物理学の時代というならば、今世紀後半の五〇年を分子生物学の時代と言ってもよかろう。実際、それが初期には誤った方向に行ったにせよ、生命という概念の分析を最初に取り上げたのは物理学者であった。一九四五年にさかのぼるパスカル・ジョーダン（Pascual Jordan）の『物理学と有機的な生命の秘密（*Physics and the Secret of Organic Life*）』と、大変著名なエルヴィン・シュレーディンガーの一九四四年の本『生命とは何か』――今私たちはこの本のお祝いのために集まっている――が特徴的な例である。シュレーディンガーの本はまさに時代を画するものであった。それは、生命という現象を理解するために、有益なアプローチを提供したからではない。思索に対して新しい方向づけを行ったからである。

シュレーディンガーの予言的内容の多くは、ずっと以前から生化学者によって解明されてきたものであるが、それ以前にはだれも基本原理についての探究を、それほど公然としたことはなかった。それにもかかわらず、生物学の流れを変えて、分子生物学という新しい科学を確立したのは、純粋な理論家たちではなかった。彼らは、生き物の示す複雑さの前では無力だった。むしろ生命過程のもつ化学的な性質に関する基礎的な知識をばねとして、新しい方法で実験を始めたのは物理学者だった。マックス・デルブリュック（Max Delbrück）は、ゲッチンゲンの理論物理学者であったが、ニールス・ボーア（Niels Bohr）の相補性原理に啓発されて、形質遺伝の分子的な詳細について調べようと決心した。これこそが、バクテリオファージを使った遺伝学の基礎になった。それから、ライナス・ポーリング（Linus Pauling）は、ゾンマーフェルト（Sommerfeld）の門下生だったが、タンパク質、すなわち生きている細胞を支配する分子の性質についてのより深い理解を追い求めた。彼はその過程に、化学と生物学の間の、いわゆる継ぎ目をなす本質的な構造因子を見つけたのである。最も目を引くのはフランシス・クリック（Francis Crick）である。彼は、技術系物理学者として、第二次大戦中はレーダーの仕事に従事していたが、一九五三年にジェームズ・ワトソン（James Watson）とともに、X線の反射像からDNAの二重らせん構造を再構成した。彼はその中で、これこそまさにその発見を重大なものにしたことであるが、遺伝的な情報がどのようにして蓄積され、そして世代から世代へと伝えられるのかを説明したのである。また、ケンブリッジではマックス・ペルツ（Max Perutz）が、キャベンディッシュ研究所のローレンス・ブラッグ卿

(Lawrence Bragg) のもとで働いていたが、ブラッグ卿のX線の干渉パターンの方法を、赤血球の色素、ヘモグロビンなどのような複雑な分子に応用して、ジョン・ケンドリュー (John Kendrew) とともに生体分子機械の詳細な設計図を明らかにした。それが、分子生物学の誕生だった。

今日私たちは、生きている細胞の分子デザインを幅広く理解しており、そこには、細胞の機能の基礎をなす詳細な分子メカニズムも含まれている。私たちは、そうした機能がどのように乱され崩壊するかを、非常に多様な臨床的症候群といわれるものとして知っている。すなわち、細菌や真菌、ウイルスの寄生が、どのように生命体のライフサイクルを破壊するのかということである。実際、私たちは、それらのライフプロセスを制御して遺伝子プログラムを永久に変化させるというところまでもいくことができるのである。さらに、近年、これまでもっと化学よりだった製薬会社が、分子生物学に関する詳細な知識と、それに伴う技術的な好機を利用しようとしてきている。基礎科学においては、特にいわゆる組換えDNA技術が、もはや後戻りできないほど取り入れられている。この組換えDNA技術なくして、免疫系の分子構造やがん遺伝子、エイズなどについて、いったい何を知りえよう。

しかし、私は聴衆の皆さんに、分子生物学のすばらしい成果のABC順に並べたようなリストを浴びせたり、あるいはエイブリー (Avery) やルリア (Luria)、デルブリュック (Delbrück) から始まって、ネーヤー (Neher)、サックマン (Sackmann) にいたるまでの、卓越した人々の名簿を突きつけたりしたいわけではない。私は話の中で、今世紀前半の生物学をより明確に扱ってみたいわけでもない。チャールズ・ダーウィン (Charles Darwin) やジョージ・メンデル (Gregor

Mendel）たちのアイディアやルイ・パスツール（Louis Pasteur）やロバート・コッホ（Robert Koch）、エミル・フォン・ベーリング（Emil von Behring）、ポール・エーリッヒ（Paul Ehrlich）らの洞察など、一九世紀の主要概念を単に完成したものが二〇世紀前半の生物学なのではないと言えば足りる。今世紀初頭には、第一に、化学的な基礎が確立されたのだ。それらは、オットー・ワールブルグ（Otto Warburg）、オットー・マイヤーホフ（Otto Meyerhof）、彼の弟子のハンス・クレブズ（Hans Krebs）、フリッツ・リップマン（Fritz Lipmann）と、そのほか多くの人たちの仕事を通して達成されたものである。そして、今世紀後半の分子生物学はその上に発展した。ここで私は、このようなことではなく、生物学の基本的な問題について考えてみたい。この疑問に答える作業は、二〇世紀においてつくり上げられた詳細な分子についての知識の蓄積を通じて、やっと可能性の領域に足を踏み入れたばかりである。そうするうちに、私たちは二一世紀へのしきいを越え、未来に目を向けることができるだろう。そして、私たちが今日提案できる多くの問題には、二一世紀において初めて満足な答えが見出されるであろう。

生命とは何か

これは難しい問いであるばかりか、おそらく正しい問いですらないのである。私たちが、「生きている（living）」という言葉で表しているものは、一般的に定義するにはあまりにも異成分的特性と能力をもつので、この言葉に含まれている多様性を、それとなく伝えることすらできない。生命のもつ基本的な性質の一つがまさにこのような豊富さ、多様さ、複雑さなのである。たぶん、私たちが大腸菌のことを、さらにショウジョウバエについてさえ「すべて」知るまでに、それほど時間はかからないだろう。しかし、それでいったい人間について何を知ることになろうか。

それならば、おそらくこう問うのが賢明であろう。生きている系と生きていない系とはどう違うのか。いつ、いかにして、この転移が、私たちの地球の、あるいは宇宙全体の歴史の中で生じたのか。

化学者として、私はよく次のような質問をされる。いったい、任意の複雑さを有するにもかかわらず、ただの結合した化学反応系にすぎないものと、やはりその中に多数の化学反応のほかには何も見出されない生命系とは何が違うのだろうか。その答えは、生体内のすべての反応が、情報センターから操作されている制御プログラムに従っているということである。この反応プログラムの目的は、系を形成するあらゆる要素を自己複製することであり、もちろんそれにはプログラム自体、より正確に言うならば、プログラムの担体物質を複製することが含まれている。それぞれの複製過程は、プログラムの小さな変更と結びついている。変更を受けた系のすべてが競い合って成長することが、それらの効率を選択的に評価することを可能にする。すなわち、「生か死か、それが問題」なのである。

あらゆる既知の生命系において見出されるこのようなふるまいには、三つの基本的な性質がある。

一．自己複製――それなしでは情報は各世代ごとに失われる。

二．突然変異――それなしでは情報はいつも変更不能となり、それゆえ、それが生ずることさえもない。

三．代謝――それなしでは系は平衡状態に後戻りしてしまい、そこからいかなる変化も不可能になる（これはシュレーディンガーが一九四四年にすでに分析している）。

こうした性質を示す系は、選択を運命づけられている。つまり、選択というのは、外界から活性化されるような付加的要素ではないということである。したがって、「だれが選んだのか。」という問いは無意味である。選択というのは自己組織化の固有の形式であって、今や私たちが知っているように、平衡からかけ離れた誤りやすい自己複製過程がもたらす、直接的な、すなわち物理的な帰結なのである。平衡は、単に最も安定な状態のみを選択するだろう。平衡とはまったく相いれない反対のカテゴリーにある選択は、そのかわりに、生命体の維持と成長を保証するのに必要なある種の機能に対して最適に順応するような、十分に安定な系を選ぶのである。自然選択に基礎をおいた進化は、必然的に情報生成を伴っている。

情報を構造の中に固定するには、限定された記号の集合が必要となる。例えば、アルファベットの二六文字や、コンピュータの二進記号のようなものである。さらに、これに加えて、単語をつくるための記号の結合関係、そして単語を文章にする構文規則が必要となる。記号の列を読み取る設備もまた明らかに必要であり、最終的に理解され、評価されることになるもののみが情報となる。私たちの言語の中の情報を取り扱う能力は、中枢神経系の存在と結びついている。

分子の場合にはどういう形態をとるのであろうか。分子の中の情報記憶装置にも、情報が読み取り可能であり、評価を受けるという、同じ必須条件が課される。核酸のみを用いて、分子は読み取りができるようになった。核酸という構成要素の、適合する一対の間の相補的な相互作用と、固有の特異的会合が、核酸のもつこの能力の基盤となっている。それゆえ、分子レベルでの情報処理の基本は、ワトソンとクリックによって発見されたように、塩基対をつくることにある。この、最初は純粋に化学的な相互作用であるものが、化学を超えることを可能にした。なぜなら、化学的構成要素は、第一義として情報記号の役割を果たしているからである。最初に分子、次に細胞、最後に有機体と続く進化は、複製と選択を経ることによってはじめて可能となった。それは、もはや純粋な化学的規範によって選択されたのではなく、情報の機能的なコード化という点によって選択されたのである。人間が大腸菌と違うのは、化学的な意味で能率がよりよい点においてではなく、情報の内容がずっと大きいことにあるのである（実際、大腸菌に比べると人間は約一千倍もの情報をもつ）。この情報は精巧な機能をコード化しており、複雑なふるまいを可能にしているのである。

細胞下レベルでの情報処理系の形成は、三八億年前の前後五億年の間に起きたが、これは今日、遺伝子コードのアダプターの比較研究から再現できる。それで生命は、おそらく単に宇宙のどこかではなく、この地球で始まったのである。したがって、生命は、私たちの星よりも歳をとっているわけでなく、さりとてそれほど若いというものでもない。このことは、生命が、条件が適するやいなや生まれたということを意味する。少なくとも三五億年前には、すでに単一細胞の生命体が存在していた。明らかに、進化の本当の傑作、つまり多細胞植物、昆虫、魚、鳥、哺乳動物にいたる道のりは、長くかつ困難なものだった。それには三〇億年を要したのである。人類がこの壮大な舞台に登場したのは、わずか一〇〇万年前である。

分子生物学は、生き物のゲノムが共通にもつものを、その考え方によって明らかにできるということで、ダーウィンの基本法則を立証したのである。情報、すなわちこの場合、遺伝情報は、連綿とした選択を経由して形づくられている。ダーウィンは、自律した生き物の進化に対して、彼の法則を提案した。しかし、これを細胞ができる前のシステムについて外挿し、「いかにして最初の生命は形づくられたか。いったいどこから最初の自律（autonomous）細胞は来たのか。」という問いに答えることは、ダーウィンにとってはあまりにも大胆なステップと思えたのであろう。彼はいったんは思弁的な「もしも」を表現し、直ちに「おお、何と大きな『もしも』なのか！」と決めつけてしまったのである。今日わかっているエキサイティングなことは、選択は分子レベルですでに、RNAやDNAといった複製可能な分子を用いて作用しており、それゆえ分子の物理化学的な性質に基づいて、選択を導くことができるということである。このことが、生物学と物理および化学との間に口を開けていた間隙をふさいだのである。これは、生物学が、ふつうの意味での物理や化学に還元されるかもしれないということではない。それはただ、物理、化学、生物学の間に連続性があるということの確認なのである。生き物の物理学はそれ独自の規範をもっている。それは情報産生の物理学なのである。

今や、自己組織化という新しい理論は、その詳細において、ダーウィンをはるかに超えて、ダーウィンの時代には未解決のまま残さざるを得なかった、あるいは矛盾しているとさえ思われていた問題に答えられるまでになっている。ダーウィンの遺産は、まさに一九世紀の十戒なのである。

ルートヴィッヒ・ボルツマンはかつてこのように言ったことがある(Ludwig Boltzmann 1886)。「もしもあなたがたが本気で、今世紀は鉄の世紀と呼ばれることになるのだろうか、それとも蒸気あるいは電気の世紀なのだろうかと問うならば、私は躊躇なく、それは自然のメカニズムがとらえられた世紀、すなわちダーウィンの世紀だと答えるに違いない。」ボルツマンは確かに、そうダーウィンを賞賛する内に自分の見解をちょっと隠している。今日になってはじめて、生命現象を自然の力学的な概念に還元しようとすることは、筋書きの一方の側面にすぎないことが明らかとなっている。選択と進化の根底にある自然法則は、あらゆる自然に対する純粋に因果的な力学概念を打ち破り、世界を未解決の決定できない未来として記述するのである。こうしたパラダイムの変化、それはおそらく自然科学において唯一その名に値するものだが、それは必ずしも生物学に限るものではない。それはこの数十年間に物理学の世界に広がり、これからはるか長い期間にわたって新しい結果を生み出しつづけるだろう。いかにして情報が生じうるのかを学びながら、私たちは自然と心の間の架け橋をつくってゆくのである。

いかにして(生物学的)情報は生み出されるか

今世紀の中頃から、私たちは情報理論という名の理論をもつにいたった。その創始者であるクロード・シャノン(Claude Shannon)はしかし、最初から、その理論が情報そのものではなく、むしろ情報の伝達を扱う理論であると指摘していた。情報そのものは考察から除外され、それは与えられたものとみなされる。すなわち情報とは、多くの選択肢の中から選ばれた一連の記号であり、その意味する内容や価値に関係なく、それが伝達される間、保たれなければならない。この理論でいうところの情報とは、複雑性の尺度として特徴づけられる。二つの記号、例えば1と0からできている長さがNの記号列は2のN乗通りの可能な配列をもつ。長さNが三〇〇程度と相対的に短い記号列（これは本の半ページ以下を占める程度）に対してでさえ、この文節に対する可能な選択肢の数は、宇宙中の原子の数よりも多くなる。選択という動力学的法則のみが、意味のある記号列と意味のない記号列の違いを説明することができ、それは意味的な、あるいは表現型としての内容を評価する規準によってなされるのである。こうした内容の進化論的最適化を可能にするためには、ある有限の誤り率で記号の複製がなされる必要がある。実際にそこには誤りの閾値が存在し、その値のすぐ下では進化が最適化されるが、その値を超えると、情報は誤りのカタストロフィーの餌食となってしまう。情報は、まるで物質の相転移のように蒸発してしまうのである。

ダーウィン的世界観の修正は、ここにおいてすでに明らかである。自然選択は、単に、ランダムな変異と、決定論的で必然的に矛盾のない変異との間の相互作用ではないのである。そのような多数の選択肢の中から優れた突然変異をうまく推定することはほとんどありえない。今日、偶然と必然の間の相互作用は、コンピュータで容易にシミュレートできる。この方式に沿って進行する過程は、あまりにもゆっくりとしか進化しないことがわかっている。もし自然の選択がこのような方式に従ってなされてきたならば、私たちは存在しなかっただろう。

実際、エラーの閾値近くでの分子の進化は、極めて広いスペクトルの突然変異種を生み出す。その中で、生存に最も適したタイプ、すなわち野生型は、ダーウィンの理論の中で主要な役割を果たすのだが、それは分子レベルでの個体全体の数に比べるとほんの少数存在するにすぎない。しかしながら、実際には、多くの変異種が野生型の周辺に集まってきて、平均的なコンセンサス配列が全体を代表するようになる。分子生物学者たちは、そのような配列をどのように決めるかについての方法論をすでに会得している。クローニング実験は、野生型が実際、無数の選択肢をもつ配列のスペクトルの平均値に相当するということを明らかにした。本質的に、この個体群は、効率的に繁殖できる変異種のみで構成されているのである。この理論的な結果は、ウイルスの個体群について実験的に確認されている。エラーの閾値以下ではまったく安定な、そのような分子またはウイルスの分布の中には、数十億もの多かれ少なかれ変異した複製が存在するので、それはまるで十億個のさいころをいっせいに振ったようなものである。もしそこで、より適性のある変異種が見つかったとすると、それ以前の分布は、もはやエラーの閾値の下ではなくなる。それは不安定なものとなって、その情報内容は蒸発し、新しい野生型の近傍に凝縮するばかりである。基本となる分子過程が連続的であるにもかかわらず、私たちには進化が離散的なジャンプを経て進んだように見えるのである。選択は非常に効率がよいことが明らかになるが、それは個体群全体の性質であって、膨大な数の並列事象を代表しているからなのである。もしも私たちがこのプロセスをシミュレートしようとするならば、新しいタイプの並列型コンピュータを必要とするだろう。直列型コンピュータでそのようなシミュレーションをしようとすると、非現実的な時間と費用を必要とする。自然は、未来のコンピュータがとるに違いない形態を明らかに示している。私たちの脳も一種の並列型コンピュータであって、数十億の神経細胞からなり、その一つ一つは一千から一万の隣接した細胞とシナプスを経由して連結している。私たちの免疫系もまた、同じ程度に複雑な細胞ネットワークを形成している。二〇世紀の終わりにきて、生物学の多くの異なる分野で似通った疑問が提起されてきている。それらはおしなべて次のように言い表される。すなわち、「いかにして情報は生まれるのか。」というものである。このことは分子レベルの進化の過程においても、また、細胞レベルの分化の過程にも、また等しく神経細胞のネットワークでの思考過程にも当てはまることである。さらにおもしろいことは、自然が、明らかに、同様の基本原理をまったく異なった道具立てとして、分子遺伝や免疫、中枢神経系において用いていることに気づくことである。アメリカ合衆国においては、一九九〇年代は脳研究の一〇年とされた。今世紀の生物学研究の遺産は、生命界における情報創造過程に対して深い理解を得たことになるだろう。おそらく、これは『生命とは何か』という問いへの答えを含意するのである。

ただ、「難問はその根本にある。」まもなく、多くの生体の設計図を知ることにもなるであろうし、またこれらが進化の過程においていかにして見出されてきたかを知ることにもなるだろう。しかしながら、歴史的なルーツをたどるならば、それらはいまだ完全に霧の中である。スコラ哲学者たちは、かつて、にわとりとたまごはどちらが先かという問いをした。近代的に言うならば、タンパク質かDNAか、あるいは機能か情報かということになる。RNAの世界は、遺伝子の立法機関と機能の行政機関の役割をするものを含んでいるわけだが、それらがこのどちらが先かというジレンマから抜け出す方法を与えるかもしれない。私は（いまだに）、いかにして最初のRNA分子が「この世界に入り込んできたか」については、私たちは何も知らないと認めざるを得ない。歴史的な見地から見ると、タンパク質がまず最初に来たに違いないが、しかし、歴史的先行性は必ずしも因果的先行性とは同一ではない。進化上の最適化は、自己複製する情報の貯蔵庫を必要とするが、私たちはＤＮＡのみがこの役目を果たすことができることを知っている。それゆえ、ＲＮＡあるいは前駆体が進化のメリーゴーランドを動かすのに必要であったのであろう。

私たちは今や、酵素としてのタンパク質と、情報貯蔵庫としてのＤＮＡの両方を含む系において、生体における情報産生過程を実験室で観察することができる状態にある。ウイルスはすばらしいモデル系である。しかし、ウイルスは、生物界以前の世界でつくられたのではありえない。ウイルスは宿主細胞を必要とし、その援助のもとに、おそらく後生物的に進化してきたのである。それにもかかわらず、ウイルス様のＲＮＡ前駆体が宿主的な化学環境にある場合と強い類似性が存在する。

情報産生の過程に関して、ここ二〇年間に蓄積されてきた知識は、すでに実を結びはじめている。実験室で行われる方法で、新しい天然の薬品や薬剤をつくり出すことができるようになるだろう。こうした技術は、単に分子レベルにとどまるものではない。同じようなやり方で、私たちは、生体を個体発生のレベルで理解し、そして、例えば、細胞を退化させることによって腫瘍を治療するというような介入ができるようになるだろう。私たちはまた、神経系とその動作の方式を知ったり、モデル化したりすることを学ぶであろう。人工生命や考えるコンピュータも、もはやＳＦの世界のものではなくなるだろう。それらが私たちの生活に与える衝撃の大きさは計り知れない。

しかし、自然科学にも規範科学にも限界があるだろう。私たちが決めなくてはならないことは、私たちの知識のうちどの部分を利用すべきか、副作用の可能性があることを知りながらもそれを利用すべきなのか、またどの側面には手を出してはいけないのかということであり、そもそも利用すべきかどうかについてはもちろんのことである。応用への盲目的熱狂は、厳格な禁止と同様危険である。私たち、すなわち人間社会全体は、合理的に何がなされるべきであり、何がなされるべきではないか、あるいは何をすべきで何をすべきでないかを判断しなければならない。まさに、この文脈において、私は来る世紀に私たちを占めるであろう最も大きな解けない問題を見出すのである。

今世紀末に解けずに残る問題とはいったい何だろうか

これまでいくつかの問題点を挙げてきた。しかし、今私が正確に定義できるような問題だけをリストアップしたとしても、それは収拾のつかないほど長いものになってしまうだろう。そこで、私ができることは、ただ例を挙げることのみなので、自分の研究分野に属するものから二つの基本的な問題を選んでみた。一つは社会に対して大きな衝撃を与える科学の問題であり、他の一つは逆に社会が科学に大きな影響を及ぼす問題である。

極めて熱心な研究にもかかわらず、まだ解決できない問題の一つにエイズがある。エイズとは何か。これは後天性免疫不全症候群（acquired immunodeficiency syndrome）の頭文字をとって名づけられた。この病気は最初ウイルスによって始まるもので、もっと慎重な言い方をするならば、ウイルス感染に因果的にリンクして引き起こされるものである。ウイルスが発症に対して必要かつ十分であるかどうかという問いは、今活発に討論されている。ヒトの免疫欠陥ウイルスとしては、ＨＩＶ1とＨＩＶ2というサブタイプが知られている。さらに多数のサルのウイルスが、一方で単離されており、それらは本来の宿主に対しては発症しないのに、他のサルの個体群に伝染すると発症するのである。全米疾病防御センターの見出したところによると、ウイルスによる感染とその発病の間には、平均して一〇年間の潜伏期間がある。もう少し正確に言うと、感染後およそ一〇年で五〇%が発症し、たちまち免疫系が完全に機能不全になる。それゆえエイズは常に死をもたらし、死因は、免疫系がふつうなら簡単に処理できるような病原体の感染によるものがほとんどである。多くの患者が肺炎によって死亡するが、それは、ほぼ二人のうち一人には潜伏しているバクテリア（結核菌）によって引き起こされるのである。この無症状期の間、エイズウイルスは生体の中のほんの少数の群として存在するだけである。そのとき生体は、大量の抗体をつくり出し、エイズ検査ではその助けを借りてウイルスの検出がなされる。アメリカでは、エイズとして登録された件数が一〇万人をはるかに超えるにいたっている（一九九三年現在）。これを世界的に見ると、エイズウイルスに感染したヒトの数は一千万人に近いと推定され、中央および西アフリカ地方と東南アジアに集中している。持続するどのような治療法もまだ存在しない。

エイズはどこから来たのか。ウイルスの年齢はどのくらいか。ヒト集団に最初にエイズが現れたのはいつか。このような質問に答えるために、野蛮きわまりない仮説が唱えられた。最も極端なものは、アメリカ陸軍の実験室でつくられて、偶然にも生態圏に逃げ出したというものである。これはまったくナンセンスである。このウイルスの遺伝子解析によって、その進化の歴史が解明された、あるいは少なくとも定量的にある程度のことは言えるようになった。今まで得られた結果を述べると以下のようになる。

●ヒトのエイズウイルスのサブタイプ、ＨＩＶ1とＨＩＶ2はサルのエイズウイルスと同じく、およそ千年前と特定できる共通の祖先をもつ。

●すべてのＨＩＶとＳＩＶ（サル型免疫不全ウイルス）の遺伝子配列は、適合位置（二〇％）を示し、哺乳動物型レトロウイルスと明らかなホモロジーがある。エイズ病原体はこのようにウイルスと呼ばれる古いファミリーの子孫であって、その起源は数百万年も前にさかのぼる。

●可変位置の大半は、約千年という平均的置換時間をもつ。その時間的周期の間に、レトロウイルスの固有のふるまいは、特に病原性に関与するところにおいて根本的に変化しうる。かくして、エイズのような疫病は蔓延し、そして消えていくのであろう。それは、ある種に対してより強い病原性を示し、他の種にはあまり影響しないのであろう。

●アミノ酸配列の位置の一部（約一〇％）が、約三〇年くらいの平均置換時間をもつ超可変部であることがわかった。しかし、このことは、おびただしい数の異なった変異種を生み出すのに十分である。これらのうち、免疫防御機構に抑制されることなく生き延びる変異種が何度も見出される。ついに、これが免疫系を消耗させてしまい、おそらくはウイルスの病原性の主な原因となるのである。

●エイズウイルスは、一九六〇年以前には、アメリカ、ヨーロッパ、日本には見られなかった。アフリカでの、同類の型のウイルスの起源は、前世紀までさかのぼるだろう。過去百年の間に、ヒトとサルとの間で水平移動があったと認められる。ＨＩＶ1の活動中心は中央アフリカにあり、ＨＩＶ2の場合は西アフリカである。たいていの種に特異的なサルウイルスと同様、ＨＩ

V1とHIV2は数百年前に分かれたのである。

このウイルスのもつ高い病原性は三つの原因に帰せられる。

一．HIVはレトロウイルスであるため、そのゲノムは感染した宿主細胞の遺伝プログラムの中に組み込まれる。いったん細胞が感染を受けたならば、それはもはやウイルスの遺伝子情報から逃れられない。せいぜいウイルスの発現を抑制することができるだけである。

二．このウイルスの標的は免疫系そのものであり、そのコントロールセンターはウイルスによって機能しなくなる。

三．突然変異発生率が高いため、それゆえまさにエラーの閾値に達し、このウイルスは幅広い突然変異のスペクトルをもち、その中に生き延びる変異種が多数含まれる。

ウイルスは、宿主の免疫系の選択圧のもとで休みなく進化を続ける。エイズウイルスに感染した個体は、ついには、通常は無害ないくつかの寄生生物に対して無防備になってしまう。

このウイルスと戦うのに際して困難なことは、ウイルスが非常に環境変化に対して適応力に富んでいることである。ウイルスは、「サイドステッピング」した変異体を使って宿主の防御機構をごまかしてしまうのである。ウイルスのとる戦略はいまやよくわかっているので、ウイルスがもはや生き延びることができなくなるような、「サイドステッピング」した変異を勘案した対ウイルス戦略を見出す見通しがある。そのような戦略を探索するために、私たちは遺伝子工学の技術だけでなく、動物実験を必要とする。それらに対する私たちの立場がどうであれ、現実は一千万人のＨＩＶに感染した人々がいて、その大半が世紀の変わり目にはエイズを発症するということなのである。そのときまでに効果的なエイズの治療法を見つけられなければ、彼らのほとんどが生き残れないだろう。

私が提起する二つ目の問題は、社会から科学へという正反対の極性をもつ。ドイツではこの数年間にわたって、遺伝子に関する法律をつくってきた。たしかに、それは世界中で一番厳しいものである。それがドイツにおける研究と工業的発展の停滞を引き起こしつつある。これに反して私たちは、世界中見渡しても、どんな災難も重大な事故もいまだ起きていないという事実を信用しなくてはならないのである。さらに最近の提案では、あらかじめ処置の絶対安全性の証明を要求するというところにまでいっているのである。しかし、「絶対安全」とは何であろうか。現状でも、何かの処置を行おうとする前には、考えうるあらゆるテストを行い、さらに十分な試行期間が付け加えられている。今日では、現段階でまだわかっていないことは排除してしまおうという要求が起こっている。これは研究の完全な行き詰まりをもたらし、その結果、新しい医学の発展を不可能にしてしまうだろう（動物愛護の提案もまたこの方向に導いている）。ここに一つの例を示そう。一九六〇年初期以前には、私たちの住む地域では、小児麻痺すなわちポリオは大変恐ろしい病気であった。ポリオは閉鎖系においても、世界中流行するような場合でも、多くの罹病者と一生残る身体障害を引き起こしてきた。一九五〇年だけでも、全米で三万件が記録されている。今日そのような例はほとんどなくなっており、それは予防ワクチン接種をするという厳格な政策のおかげである。ただし、発展途上国においては、たいていは不適切な予防接種のために、依然としてポリオは重大な問題のままである。その病原体はピコルナウイルスと呼ばれているウイルスである。現在二つのワクチンがある。死菌の混合物（ソークワクチン）、またはいわゆる「弱毒」ウイルス（セービンワクチン）であり、それは野生型の変異体で、もはや病原性をもっていないが、免疫系を駆動させる能力は死菌よりも強いものである。西欧でこのウイルスをほぼ撲滅できたのは、この使用が簡単で大変効果的な経口投与ワクチンのおかげである。たまに病例が見つかることがあるけれども、経過は比較的穏やかである。

すべては大変うまくいった。しかし、数年前にセービンワクチン（B型）の一つのタイプのRNA配列が明らかになったときに、いっそう意外なことがわかった。その中には、基本的に遺伝子に二箇所変異の入った発病性野生型の変異体が含まれていることがわかったのである。そのような変異体は、四八時間以内に先祖返りできる。一見、この期間は免疫系による有効な反応が始まるのに十分な時間である。しかし、突然変異はランダムに起こる現象なので、もっと短時間で先祖返りする変異体もありうる。そして、このことが病気の単発の原因になっているらしい。エイズの場合だったならば、そのようなワクチンプログラムは、おそらく悲惨な病気の流行を引き起こすことになるだろう。

さて、ポリオウイルスとエイズウイルスの違いは何だろう。両方とも、ゲノムは単一のRNA分子からできている。突然変異発生率は、両者ともほとんど同じ程度であることがわかっている。統計幾何学と呼ばれる比較型アミノ酸配列分析の新しい方法の助けを借りて、ウイルスの表面タンパク質をコード化している遺伝子の異なったコドン位置への変異体の固定には、極めて大きな異種性があることが明らかになった。それぞれのタンパク質の構成要素は三つの配置をもつコドンによって決定される。最初の二つは転写の際に組み込まれ、アミノ酸の特定の型を決め、それに対して、三つ目の位置での交換は、たいてい類似のアミノ酸をつくり出す、すなわち、転写されたタンパク質のアミノ酸配列には何の影響も及ぼさない。エイズウイルスでは、この三つのコドン配置すべてが等しく高い変異率で置き換わり、広いスペクトルをもった異なるタンパク質分子をつくり出す(そのうちのいくつかは免疫系をくぐり抜けてしまう)。しかしながら、ポリオウイルスの場合には、固定されるような変異が起こるのは、ほとんど三番目のコドン配置においてである。少なくとも、すべての異なる広く分散した変異体は、ほとんど第三のコドン配置においてのみ見出されている。この入れ換えはたくさん起きるので、ほぼ完璧に入れ換えが起こるが、一方、すべての変異体の一番目と二番目のコドン配置はほとんど変化しない。このことは、ポリオウイルスの表面のタンパク質がほとんど変異しないことを意味する。それゆえ、免疫系をくぐり抜けてしまうような変異体はできない。免疫系は「目が慣れている」、つまり、短期間に有効な免疫防御をつくり上げるのである。

しかし、ここで倫理という話になれば、もしも弱毒化したウイルスが病原体となる野生型に極めて近いとわかっていれば、確かにそのようなワクチンの存在を許すことに重大なためらいが生ずるであろう。今の見通しでは、こうしたことは、おそらくありえないだろう。というのは、管理された突然変異、つまり遺伝子工学を用いてそのような変異体をつくる方法が一般的になってきたからである。今や、「遺伝子操作された病原体を流布する」ことさえ可能である。とにかく、経口ワクチン投与のあと、時折病気が誘発されるということに示されるように、私たちの現在の知識では、実際現実のものとなっているリスクを防げなかったのである。セービンワクチンが導入された当時は、このようなことは何もわかっていなかった。まったく正当な方法で、弱毒化されたウイルスを経験的に調べることによって前に進んだのであった。当時、他にまったく道はなかったのである。

しかしながら、遺伝子工学でつくった変異体は、自然界でできた突然変異と本質的に同じである。一方では、私たちが遺伝子操作をし、その結果、何が起きるかを知ることになる。他方では、自然界自身が遺伝子操作をし、私たちは何が起こるのかもわからず、ただ何が起きるのかを経験的に調べることができるのみである。常に意識的な行為のほうが、無意識にいじりまわすよりも、リスクのコントロールが容易であるにもかかわらず、一方は悪のレッテルを貼られ、他方は自然なものとして受け入れられている。ドイツの遺伝子操作法の条文を読むと、くり返しそういったナンセンスに出くわす。つまり、どんなリスクも一〇〇%回避したいと願いながら、一方で、考察もなしに他の未知数のあれこれを受け入れている。例えば、いつの日か危険を防ぐのに役立つはずの研究が全面的に抑制されている。ポリオの場合でも、少しでもリスクのあるような遺伝子操作法を避けることもできたわけだが、それは事実上たくさんの子どもを死なせることを意味した。セービンワクチンが彼らを救ったのは、人々が自然を盲目的に信じ、そこに内在するリスクを無意識に受け入れてしまったからなのである。

この文脈では次のような疑問が生じる。すなわち、無関心な大衆は、専門家のアドバイスに対して感情的になっている少数の人々のイデオロギー的な議論に、いったいどこまで言いなりになっているのだろうか。つまるところ、ドイツ憲法に保障されている研究の自由とは何なのであろうか。私は決して、自由というのは完全な無制限をさすものと解釈したいのではない。私たちは知っていることをすべてやることができるわけでもないし、できることをすべてやるべきでもない。いったい合理的であること以外にどのような判断ができよう。広島の原子爆弾の場合には、軍事的にも政治的にも思慮を欠いていたし、チェルノブイリの場合には、技術的な思慮があまりに乏しかったのである。知識というものは「未知の」ものではありえない。私たちは知識とともに生きる術を学ばなくてはならない。そのためには、世界中に拘束力をもつような、分別ある法的構造が必要となる。加えて、それが個々人の苦しみを軽減するものであれ、世界の人々の健康を守るものであれ、あるいは食料を確保するのに役立つものであれ、利用できる知識を人類の利益のために活用するという倫理的な義務が存在するのである。イントロダクションで述べた人類の未来のシナリオへ戻ってみよう。数十億にも上る世界人口に見合った食料生産の環境条件にかなった保証、そのような「人々の集団」に対する衛生的、医療的なケアを行う適当なシステム、それらは今日、私たちのもつ、ありとあらゆる知識を応用することによってのみ可能なこととなるのである。これは、遺伝子工学による新しい食用の有機体の品種改良や、発電のための原子力技術の使用を含むのである。

未来：人間の研究こそが人間である

私たちは、リスクにしりごみする社会に生きている。まさにこういう理由のために、社会は科学、特に基礎科学への扉を閉じてしまうということになるのであろうか。私は今だって、青灰色の排気ガスを吐いている車のリアウィンドウに「基礎科学なんてもういらない」というステッカーが貼ってあっても驚きはしない。動物愛護団体のある人々がやっていることも、少なくともこれくらい低いレベルのことである。原子力発電に反対する人たちも、家ではコンセントから電気が流れてくることを喜んでいる。私たちは同時にリスクを冒すことなしに、有用なことは何もできないのである。何もせずに終わるということは、長い目で見るとより大きな悪であることもある。私たちは勝ち目をはかることを学ばなくてはならない。そこではスローガンなど全然役に立たないのだ。

生物学研究の未来を語るときに、リスクの評価、責任の所在、倫理といった問題など、議論しなければならない問題が増えてくるだろう。生物学研究の中心的な対象は、人類と「彼」を取り巻く環境である。ここで「彼」というのは、人類に関してという意味である。したがって、研究の結果はすべての人類に関係する。

私は、来るべき世紀、いわんや次のミレニアムについてのシナリオを書く気は毛頭ない。しかし、フリードリッヒ・デュレンマット（Friedrich Durrenmatt）によれば、「ものごとの最悪の局面を想定したとき」にのみ問題は完全に考えつくされるのである。実際、未来学者たちはバラ色の可能性ばかりを描きがちである。

私たちはヒトの遺伝的性質を、今まで夢に見たよりもはるかによく探究できるようになるだろう。というのは、そのときには、ヒトの遺伝子の三〇億個の記号を一月以内に解読できるような機械が存在するからである。このことは特に、比較生物学的研究を可能にするだろう。同じように、他のいろいろな生命体の遺伝子配列を決定し、やがて、私たち自身の進化の起源を解明することもできるだろう。そして、私たちは人間の脳を研究し、特定の課題については、脳をはるかに超えるコンピュータをつくり出すだろう。私は、そのすべての能力において、人の脳にまで近づくほどのコンピュータをもつことになろうとは決して思わないが、脳とコンピュータの連結が「超人的」能力を示すようになるものと確信している。人体模型を具体化できないまでも、これまで生物の領域にしかなかった能力がロボットに与えられることになるだろう。これを人工生命と呼ぶかどうかは、単に好みの問題である。私たちはおそらくがんを治すこともできるようになるだろう。なぜなら、その原因をどんどん解明してきているからである。さらに、心臓病については、早期診断によって、ちょうどよいときに医療の手助けができるようになるだろう。しかしながら、長い間そうするうちに、どの病気で私たちが死ぬかはどうでもよいことになってしまうだろう。なぜなら、未来においてさえ、寿命が百歳を超えるとは思えないからである。私たちは、未来の都市がガラスのドームや人工の大気をもつのだろうかと思いわずらう必要はない。しかし、私たちは確実に今日、次のように問わなくてはならない。すなわち、循環する経済を維持するために、いつの日か必要となるようなすべてのエネルギーをいったいどこで得ることができるのかと。空気と水をきれいに保つことは、大量のエントロピー生産と切っても切れない関係にある。未来に対する時を得た準備が、ここでは本質的である。明らかに、今の私たちには想像もできない多くの発見と発明がなされるだろう。まさにこれゆえに、未来に対する細かなシナリオは、おそらくみんなまちがっていることになるだろう。今私たちは、例えば、シャルルマーニュが同時代の人々から二〇世紀はどんなものかと聞かれたのと同じような立場にあるのだ。

それにもかかわらず、次のような予測はおそらく確かなものであろう。人類が最悪か最良かの起こりうる進展のどちらの道をたどるかは、それにいたる文明の歴史の五千年において人類が学習し損なったこと、すなわち、人類の関心事に対して合理的な分別をもって対応し、はっきりした行動規範をうち立てることができなかったことを、最終的に自覚できるかどうかにかかっている。後者は、遺伝子プログラムと同様に、あらゆることに対する拘束として確立されなくてはならないものである。

ヒトは進化の梯子の最上段に立っている。私がこう言うのは、これ以上完全な創造物を想像することができないからではなく、ヒトをもって進化は新しい段階に到達し、それは他のいかなる生体にもなしえず、そこから進化がまったく新しいやり方で進んでいくに違いないという理由によるのである。選択に基づいて作動するとき、進化は常に、私たちの遺伝子の中に印刷の活字のように規定されている情報の、連続的で突然変異的な複製を必要とするのである。細胞構造やネットワークの形成とともに、コミュニケーションの新しい小道が細胞の間に切り開かれる。これらは、最初、特異受容体によって集められた化学的な信号によって媒介され、最終的にはシナプスで受信され、次の細胞へと引き継がれる電気信号によって媒介されるものである。この方法を使うことによって、ゲノムの中に単に設計図としてのみプログラムされていた、分化した細胞システムの、互いに関係をもった全体としてのふるまいを展開できるのである。この設計図が、生体全体の利益になるよう働くことを保証するのが選択なのである。これは、他に抗して働こうとする単一細胞や器官とは調和しない。そのような争いは、がんのような病気による退化を引き起こすのみである。中枢神経系において、このような細胞内コミュニケーションは内部言語に発展し、それが私たちの行動や感情、性質、感受性を制御するのである。この道具立ては遺伝的に固定され、種に対して反抗することのないよう選択されすらしてきたのである。これが、進化の過程で人類が出現した道筋であり、この遺伝的にプログラムされた利己主義的で種に特化された行動は、生来エゴイスティックであり、争いや傲慢をあおるのである。そのかわりに、それが利他的なものとして現れる場合には、長い間に種またはその一族の利益をもたらし、今度はそれが個人個人に何らかの利益をもたらすようになるのである。

ヒトは他の霊長類とは違って、このようなやり方で、本来神経細胞のインパルス信号の中にコード化されていた内部言語を形式化できるという、特別な能力を発達させてきた。その形式化は、同じ種の間でのコミュニケーションを促進するばかりでなく、思考し、それを人類のために記録し、そして、それを書き記すことによって次の世代に伝えるという、私たちの能力の基礎を成しているのである。このことは情報の伝達の新たな段階を意味し、それは、化学にまったく新しい性質を付加した、遺伝情報という本来の段階と類似のものでもある。人間の知性という段階において、新しい形態の進化が可能となる。

しかしながら、そこに主要な問題がある。人類は、一つ一つの細胞が個々の生を送るような多細胞生物ではなく、遺伝的な立法府から細胞の共同体の共通の利益を委ねられているものである。文化的な情報が個人によって伝えられるものではないのは、社会的に許容される行為がそうでないのと同様である。数千年も続いている人類の文化的な進化にもかかわらず、人々はやはり戦争をするし、相変わらず残虐でもある。もし、社会的に許容される行為は自然であり、反社会的な行為は逆に異常であると信じているとすれば、それは思い違いである。それはラテン語の「norma」のもとの意味における社会的規範（norm）にすぎないのであり、それは規則あるいは制限を意味しているる。

こうしてみると、私たちはジレンマそのものの中にいることがわかるだろう。なぜなら、これまでにあった個人の自由を命令に服従させようとするあらゆる企ては、個人をあたかも中枢で制御された有機的統一体の中の意志なき単一の細胞の身分にまで堕落させるものであり、長い間そうするうちに、人間社会を害したのみであり、しかも一部の人類の撲滅さえもたらしたのである。このような企ては失敗したが、その理由の一部は、新しい有機体が人類全体ではなく、単に一種のグループ化にすぎず、それはしばしば基本的な人権を侵すような特定の利害関係を代表するものだったからである。また、彼らが失敗した他の理由は「指導的セル」、すなわちその巨大な組織の「脳細胞」が、およそ自己中心的あるいはエゴイスティックな人間的に欠陥のあるもので、基本的に権力を振りまわすことに没頭していたからである。比類なき苦しみがその結果であった。

イデオロギーは理性に取って代わることはできない。政党の原理を支持するすべての政治グループは、このことを認識すべきである。もちろん、彼らは正当な根拠をもった理想を標榜しており、それは自分たちのことを、社会主義者と呼ぼうが――いったい社会的良心の側につかない人がいるだろうか――あるいは緑の党と呼ぼうが――いったい環境をきれいに保ちたくない人がいるのだろうか――あるいはキリスト教徒と呼ぼうが――いったい慈悲と慈善のない世界を望む人がいるだろうか――同じである。これは、個人の自由を他の何ものよりも上に置こうとする人たちに対しても同じである。教養という台座に乗っかったそれぞれの動因は、私たちの知性のみならず、大脳辺縁系や感性、情緒などが含まれた私たちの常識に反する方向を指している。未来永劫、私たちの判断を、決してコンピュータに任せることはできないのである。

世界の現状を見ると、悲観的になってしまいそうである。今世紀の前半に、私たちは二つの最も悲惨な戦争を経験した。そして、私たちはいったい何を学んだのだろうか。もし私たちが人間性(ヒューマニティ)を道徳的に肝要なものとして受け入れ、理性に基づかない判断を下すならば、何も変わらないだろう。人類の未来は、遺伝子レベルで決定されるのではない。私たちは、倫理という、すべての人を結束させるシステムを必要としている。ここにいたって、進化、すなわち個人から人類へという進化の完成が待たれている。

第三章　『生命とは何か』——歴史上の問題として

スティーヴン・ジェイ・グールド
ハーバード大学比較動物学博物館、ケンブリッジ、
マサチューセッツ州

モダニストの宣言としての『生命とは何か』

明らかに真実であることを定義することはひどく難しい。かつて、ルイ・アームストロングに彼の純真なファンがジャズの定義を求めたときに、彼は「あんた、そんなことを聞いたら最後、答えがわからなくなるよ」と答えたことが非常によい見本である。これと同様に、エルヴィン・シュレーディンガーの『生命とは何か』は、二〇世紀の生物学において最も重要な本として位置づけられていることは否定できないが、しかし、その多大な影響力の根拠は、不思議なことにとらえどころのないものである。機知の神髄は簡潔さにあるかもしれないが（おしゃべりな老ポローニアス*がいったように）、文体の重々しさによって、価値が決まることがよくある専門的な仕事では、簡潔な作品はあまり祝福されないのである。しかし、『生命とは何か』は九〇ページという点において、

*訳者註：シェイクスピアの戯曲ハムレットの登場人物、オフィーリアの父の台詞

そのような知的な重みを支えるには少々倹約と省略がされすぎている（しかしながら、冷酷な現実的な意味では、読者よりはむしろ著者によって支配される専門的な仕事においては、簡潔さは注目されるかか忘却されるかという本質的な違いを決めるであろう）。例えば、必要とあらば「もしも」が許される歴史の中でならば、昔の謎に対する推測としての答えの正しさには確信がもてるだろう。つまり、もしもウォーレス（Wallace）がこの世に生まれず、またそれゆえダーウィンが『種の起原』として知られている大急ぎの「要旨」ではなく、彼が意図した万巻の著作を書く暇を手に入れてしまったとしたら、科学の歴史はいかに違っていただろうか。その答えは――知的世界は明らかに進化を受け入れようと構えているので――こうに違いない。すなわちその本を読んだ数少ない人たちの多くが受けたのと同様のインパクトを、読者としてのダーウィンも受けることになっただろうということを除けば、何の違いもないということである。なおそのうえに、『生命とは何か』の知的基盤の多く、すなわち、デルブリュック（Delbrück）の遺伝子の安定性の理由に関する初期のアイディアは、まったくまちがっていることが判明しているのである（クローの論文参照、Crow 1992: p. 238）。それならば、なぜ、私たちはこの五〇年祭をしかるべく祝おうとしているのだろうか。

まず第一に、現代分子生物学の創始者の数が示すように、この本の生産的重要性という証拠は否定されるべくもない。ジェームズ・ワトソン（J. Watson）は、シュレーディンガーの本が、彼自身を遺伝子の構造研究に駆り立てる決定的な影響だったと称賛している（Judson 1979 参照）。フランシス・クリック（F. Crick）は同様な影響を認めているが、しかし、他の多くの人たちが表明しているのと同様の困惑を伴っている。すなわち「この本は化学のことを知らない物理学者によって書かれたものである。しかし…生物学的な問題が物理的な言葉を使って検討できることを示唆したのである――そして、それゆえ、この分野における興奮すべき出来事が遠くないという印象を与えたのである。」(Judson 1979 から引用)〔困惑についてはジム・クロウの最近のコメントを参照されたい (Crow 1992,: p. 238)〕。「ギュンター・シュテント*と同様、私はなぜその本がそれほどインパクトがあったのかわからないが、その当時何が私に大きな感銘を与えたのかはわかっているのである。」

クローは、そこで、この本の主な主張と洞察に関して優れた要約を提供している。すなわち、その影響力の第二の理由として、

『それは、シュレーディンガーが遺伝子を非周期性の結晶と特徴づけたことかもしれない。それは、染色体がコードで書かれたメッセージであるという彼の見解かもしれない。それは、生命が「負のエントロピーを食べる」という彼の主張かもしれない。それは、遺伝子レベルでの量子力学的非決定性は細胞増殖によってモルあたりの決定性に変換されるという説かもしれない。それは、遺伝子の安定性と秩序を永続させる能力について力説したことかもしれない。

＊訳者註：Gunther Stent：カリフォルニア工科大学のデルブリックの研究室でワトソンの同僚だった人物

それは、物理的原理によって生命を解釈するというあまりにも明白な困難はどれも、何か新しい物理法則はあるにせよ、超物理学的な法則が必要であることを必ずしも意味するものではないという、シュレーディンガーの信念なのかもしれない。』

私は『生命とは何か』の重要性をいかなる方法でも否定することによって、この時を得たお祝いを汚そうという望んでいるのではなく、彼の生物学に対するアプローチにおけるほとんど自明な普遍性という主要な要求は、論理的に拡張されすぎており、そして彼の時代の作品として社会的制約を受けたものであるということを提示しようと思うのである。さらに、このような限界があるという特性は、私自身が主宰している古生物学と進化論に関する学会を含め、大きな分科をなす生物学者たちが、シュレーディンガーの議論にそれほど影響も感銘も受けず、『生命とは何か』に答えるためにはシュレーディンガーの哲学の中で夢想するようなものよりはむしろ、地球上のものにもっと目を向けることが要求されるといまだに信じているのはなぜかを理解する助けとなるであろう。

シュレーディンガーはその序文（Schrödinger 1944 : p. vii）で、統一ということを科学の疑問の余地がない夢と目的であると同定することからはじめている。

『私たちは、統一されたすべてを包括する知識に対する強い熱望を祖先から受け継いでいる。学業の最高機関に与えられたその名前こそは、私たちに太古から何世紀にもわたり、ユニバーサルな見地が最も称賛される唯一のものであるということを思い起こさせるのである。…私たちはたった今、知っていることとすべての合計をまとめて融合し、一つの全体とするための確かな材料の獲得をはじめたばかりであると明らかに感じている。』

シュレーディンガーは、統一という目的を、疑問の余地はなく、ほとんど論理的必然であり、あらゆる時代の科学者のあこがれであると述べている。まったく逆も真である。統一は、シュレーディンガーの年若き成年時代に特有の社会環境に埋め込まれた、顕在的な運動の明確な目的だったのである。すなわち、第一次世界大戦という国家主義的虐殺を招いた過激な統一への願望である。統一へのこの深い信仰がもつ社会的な偶発的特性を私たちが把握したときに、『生命とは何か』に対するシュレーディンガーの答えが、なぜ普遍的な地位をもつのではなく、二〇世紀の歴史の一つの局面の過渡的な所産であると認めなくてはならないのかを理解できるであろう。

その自称「科学統一運動」は論理的実証主義の主要な見地から生じており、それは一九二〇年代にウィーン哲学校で発展したものである。当初、どちらもウィーナー・クライス（Wiener Kreis）*の主導的な立場にあったルドルフ・カルナップ（Rudolf Carnap）とオットー・ノイラス（Otto Neurath）に賛同して、科学統一運動は、すべての科学が同じ言語、法則と方法を共有し、そして、物理学と生物科学の間、あるいは正しく構築された自然科学と社会科学の間に、基本的差異がないと考えるのである。

この科学統一運動は生物学に多大な影響を及ぼした。というのも、生物学はそれまで多くの人々

＊訳者註：ウィーンサークルと呼ばれる当時ウィーン在住の科学者三〇人ほどで組織された集団

に、一般化された科学理論の傘下に入れるには、あまりにも特異的で説明的であると見られていたからである〔一九三〇年代および四〇年代の進化論的統一化におけるこの原理の役割については、スモコビティス参照（Smocovitis 1992）〕。シュレーディンガーは、この運動の目的を生物学に翻訳する理想的な立場にあった。彼はウィーンで生まれ育ち、ウィーン大学に入学した。彼はノーベル物理学賞を受賞した――「焦点」あるいは「最高位」の科学ともいうべき物理学は、科学統一運動の、そして一般的な論理的実証主義の基本的に還元主義者的見地から、それに対して他のすべてのものが統合されるであろうものなのであった。どうして、シュレーディンガーが、統一を追求する彼の本の基礎を物理法則に置かずにいられたであろうか。

もしも、還元論的統一に対するシュレーディンガーの信念が、科学統一運動から生じたものならば、この運動も、そしてその哲学的な基盤も、のちに「モダニズム」として知られるようになったさらに大きな文化的な力の中に、芸術、文学、建築といったような分野への強い影響ともども埋め込まれていたことになる。モダニズムは何にもまして、還元、単純化、抽象化、普遍性を追求した。ミース・ファン・デル・ローエ（Mies van der Rohe）のような建築の大家の手の中で、現代風建築は（それは普遍性という目的に向けられて名づけられた「インターナショナル・スタイル」のものである）、極めて優雅で、かつ力強いものとなるであろう。しかし、何千という派生的で標準以下の模造品が、いまや地球上のいたるところでひびが入り劣化しながら、第三世界の都市の景観を損ない、そして正統な地域主義や地域の誇りに対するアンチテーゼともなっている。

『生命とは何か』という本は、これまでは、変わることない科学の論理に関する永遠不変の主張であるとみなされてきた。しかし、私は反対に、この本を科学統一運動を狙った社会的文書として、モダニズムとして知られている、より大きな世界観の一つの表現として読みとくことを提案する。そのようなわけで、シュレーディンガーの本のもつ短所と長所は、概してモダニズムの失敗と成功に結びついている。私は、モダニズムの精神の多くの点、特に楽観主義と原理の統一に基づいた相互理解に貢献したことに拍手喝采をいとわない。しかし、私は、そのようなすばらしい多様さをもつ世界において、それが標準化を強調したことを遺憾に思う。そして私は、最高度に抽象化された一般法則の探究の根底にある還元主義を拒絶する。

私たちの時代には、これらのモダニズムの社会的な誤り（特に他の正当な競合者に対する覇権を一つの流儀に与える傾向）が広く認識されるところとなり、それが、ポストモダニズムと名づけられた（まったく想像力に欠ける命名である）反対の運動を生み出した。ところが私は、ポストモダニズム（建築におけるばかばかしさから文学における愚鈍さにいたるまで）そのものも、大いに嘆かわしいものだと考えているのである。そしてまた一方では、ポストモダニズム的な「改良」は高等な真理ではなく、私たち自身の時代の社会的兆候とみなさなくてはならないが（モダニズムがそれ以前の数十年を反映したのと同様である）、それでもなお、私はポストモダニストが総じて、モダニズムの、単一で抽象的な解の追究を拒絶する姿勢に、大変大きな価値を認めるのである。私は特にポストモダニズムが、遊び好きで多元的文化に力点を置いていること、地域的詳細というものがひとくくりに還元しえない重要性をもつことを認めていること、そして真理そのものは一元的なものであるにせよ（多くのポストモダニストはこの説もまた否定するだろうが、しかしここで私はそういうニヒリズムに向かう傾向とは縁を切っている)、真理に対する私たちの見解には、私たちが社会的に埋め込まれている、ものの見方の流儀に応じて、多様な正当性があるだろうという信念をもっていることについて称賛する。ポストモダニストならば、『生命とは何か』といったような問いに対するいかなる単一の答えも、まず信用しないに違いない。すなわち、特にシュレーディンガーのような答えは、基本構成粒子への還元という、モダニストの中核思想に根ざしているからである。

要するに、私は、その欠点が、作品を貫くモダニズム哲学によって一般的な問題を表現していることにあるとみなす一方で、シュレーディンガーの本が大いに好きなのである。私は生き物全体とその歴史の研究に専念している進化論生物学者の一人として、シュレーディンガーの答えをまちがったものと考えているのではなく、ただはなはだしく偏ったものであり、私の分野の最も深遠な問題のいくつかにはまるで無力であると考えている。

シュレーディンガーによって『生命とは何か』の中心に置かれるものとして提出された論議よりももっと性に合い、より和解できそうな還元主義の形態を提示することは困難であろう。というのも、傲慢で古いニュートン学派が唱えた、生物は高度に複雑な物理的対象にほかならず、それゆえ結局、科学の女王によって発展させられた型どおりの概念に還元しうるという主張を、彼は推し進めることはしなかったのである。シュレーディンガーは生物学的対象はそれぞれ異なった独自のものであるということを認めている。それらは結局は物理法則で説明されるべきであるが、それが、私たちがすでに知っている法則であるとは限らない。それゆえ、生物学は物理学に大いに役立つものとなり（そのような今までに知られていない法則の発見につながるような材料を提供することにおいて）、物理学もまた、生物学に対して、すべてのものごとに最終的に統一した説明を提供するものとして大いに役立つものであろうとしている。

『遺伝物質に関するデルブリュック（Delbrück）の一般的な描像から、生き物は、今日までに確立された「物理学の諸法則」から逃れることはないとはいえ、まだ知られていない「物理学の別の法則」を含んでいるらしいことが明らかになる。しかし、それもひとたび明らかにされてしまえば、全体として、それまでのものと同様、この科学の一部となるだろう。（Schrödinger 1944: p. 69）』

そこで、シュレーディンガーは、遺伝物質の性質を、それが非生物物質の最も小さな粒子に対して適応できることがわかっている物理法則によって動いているものではない、という点から推論しようとした。

『生き物の構造について私たちが学んだすべてのことから、それが通常の物理学法則に帰着しえないやり方で動いているものであることを見出す覚悟をしなくてはならない。そしてまた、それは、生きている組織内の一つ一つの原子のふるまいを支配する何か「新しい力」などが存在することによってではなく、その構造がこれまで物理の実験室で検証されてきたどんなものとも違うからであるということも覚悟しなくてはならない。（Schrödinger 1944: p. 76）』

彼の新しい量子の世界では、「物理学の確率の仕掛け」（Schrödinger 1944: p. 79）が、分子レベルでの無秩序からマクロな秩序を築く――『私たちのすばらしい統計理論、それを当然誇りに思うのは、それによってカーテンの後ろを見る、すなわち、原子や分子の無秩序から出てくる立派な秩序や厳密な物理法則を観察することができるからである（Schrödinger 1944: p. 80）。』遺伝性物質のもつ複雑性は、秩序からの秩序という新しい原理を要求するだろう。

『生命の発展において現れる秩序性は異なる源からわき出したものである。秩序ある事象を生み出しうる二つの異なる仕掛けがあるように思われる。すなわち、「無秩序からの秩序」を生み出す「統計的な仕掛け」と、新しいもの、すなわち「秩序からの秩序」を生み出すものである。…物理学者が知りえたことを大変誇りに思っていたのは…「無秩序からの秩序」の原理であり、それは実際に自然界でものごとが従うべきものである。…しかし、これから引き出された「物理法則」が、直ちに生きもののふるまいを説明するのに十分だとは期待できない。生きているものの大変著しい特徴は明らかにかなりの程度まで「秩序からの秩序」の原理に基づいているのである。二つのまったく異なる仕掛けが同じ種類の法則をもたらすとは思わないだろう。――すなわち、自分の家の鍵で隣の家のドアを開けられると期待しないのと同様である。（Schrödinger 1944: p. 80）』

これらの議論が、シュレーディンガーを彼の大変有名な推論へと導いた。それは、彼の小冊子の歴史的影響力を保証するもの、すなわち「非周期性結晶」としての遺伝子の概念である。

『生命とは何か？』多元論ゆえの疑問

題名にかかわる問題点

以上に述べた文脈のもとでならば、『生命とは何か』に対する私の主要な疑問がそのタイトルに含まれる主張にあると言っても、あら探しだとか、些末だとか思われることはあるまいと信じている。まさにその本の第一頁に、シュレーディンガーは、彼の本で答えようとしている問いについてこう述べている。

『その大きく、かつ重要で、しかも大いに論議されている問いはこうである。生物体という空間的境界の内側で起きている時間・空間的事象はいかにして物理学と化学とによって説明されるか？（Schrödinger 1944 : p. 1）』

（『生命とは何か』という本は、そこから遺伝物質の物理的な性質についてのみ検討を進めるのだが、しかし、この公式化は少なくとも生物全体と同じくらい広い舞台を提供するものなのである。）

要するに、還元論的モダニズムの精神において、シュレーディンガーが論ずるのは、遺伝形質の最小の部品が何からできているのか、そしてそれらがどのようにある普遍的な形式の中で動くのかを知ったときに、私たちは「生命とは何か」の答えを得るだろうということである。私は、遺伝物質の性質や構造を学ぶことの計り知れない価値を否定するものではない。しかし、このような知識が「生命とは何か」に対する適切な答えを与えるであろうか。さらに、そのような問いが、実感できる日常概念として含むべき、はるかに多くのものも存在しないというのだろうか。純粋に古生物学者としての狭い見地からは、私はシュレーディンガーの狭い公式化を拒絶しなくてはならない。なぜなら、それを受け入れることは、私の分野を無意味、あるいはせいぜいまったく副次的なものとしてしまうからである。もしも、遺伝物質の物理的な性質を知ることが「生命とは何か」に対する答えであるとするならば、どうして私の同業者たちは、かくも熱心に数十億年という大きな尺度で系統発生の歴史をたどってきたのであろうか。よくしたところで、地球というものが、構成物質の性質をその最も細かい部品において理解することで完全に導かれる理論によって特定される、一つの歴史の詳細をつづるための舞台にすぎないということになってしまうのである。この観点に立てば、古生物学者は、マクロな世界から展開すべきいかなる理論も、すなわち「生命とは何か」への完全な答えに対して提供すべきいかなる要素も持ち合わせていないことになってしまう。われわれはただ、実際の実現された歴史を実証づけることができるだけで、そのような活動は、もしそこから何ら理論的な洞察が生じえないとすれば、取るに足らないものとなってしまうのである。

シュレーディンガーの還元論の源泉

その最も小さな断片の作用を越えて生命とは何であろうか。どうして私たちは、そのような限られた領域の中で、そのようなはるか手の届かぬ問いに適切に答えうるなどと考えたのであろうか——そしてまた、どうして私たちのそんなに多数がシュレーディンガーのしたような部分的な答えに満足しきっていたのだろうか。責任の一端は、古生物学者やその他「生き物を全体として取り扱う」生物学の小分野の枠外にある、一連の伝統と社会的要因にある。物理学羨望が、この分野における大科学者の声明を、とりわけノーベル賞受賞者（私たちの分野ではそんな賞はまったく名誉にならないが）ということによって、特別尊重に値するものとしてしまったのである（そして多分に厳しい批判を免れてしまうのである）。モダニズムの人気は、古い還元論者たちの短所に不相応なつぎをあててしまった。私たち自身の題材に対する充分なプライドのなさが、よそからきた権威者をより受け入れやすいものとしてしまったのである。

しかし、また別の一連の要因が、私たち自身の伝統と型にはまった説明の仕方から生じている——それゆえ、還元論をあまりにもすんなりと受け入れてしまったこと、そして、「生命とは何か」に対する完全な答えの大きな部分をなす理論の源泉であるところの、私たち自身がもっていた現象の世界を、あまりにもあっさり放棄してしまったことは、ひとえに私たち自身の責任である。古典的なダーウィン主義そのものは、分子遺伝学という最も強硬な形態が与えられる以前にすら、地質調査の舞台を理論的に無関係だとしてしまった、還元論的考え方というスタイルを受け入れるばかりか、それを盛んに宣伝したのである。

厳密なダーウィン主義者の世界観の二つの特徴は、生命の歴史の地質学的芝居を直ちに遺伝物質の物理化学的性質へと還元するのではないにせよ、少なくとも、生体のその場その場での対応へと還元してしまうことを助長したのである。自然選択の理論は、原因となる変化をした単一の遺伝子座を、生殖の成功を求めて努力する有機体であると同定している——そして「より高度」な種あるいは生態系のような、生物学的構成単位の原因となる能動的な事情を、あからさまに否定するのである。ダーウィン体系の長所と急進主義は、主にあらゆるものを従える秩序原理（旧来の理論における神の行為のような）の否定にあり、また、高次の現象論（生態系の調和あるいは生体組織の適切なデザインのような）を、より低次の原因作用の結果あるいは副産物とみなすことにある。

第二に、斉一性という総括的な観点の下では、ダーウィンの実質的指導者であったチャールズ・ライエル（Charles Lyell）によって説かれたように、あらゆる時間スケールも、そして、あらゆる事象の重大さも、折々に生じる極小の効果をもった観測しうる因果的出来事から、その和としてまた外挿として、大きなものをつくり上げる方向へよどみなく流れていくものである――すなわちグランドキャニオンが、一粒ごとの何百万年にもわたる浸食の累積であるように、そして進化の方向が数え切れない世代から世代への極小変化の段階主義的相続であるように。

私たちは、ダーウィン自身の自然選択の構成における最小のスケールからの因果的よどみなさを、畜産や農芸において観測できる、より小さなスケールでの人工的選択の過程と類似のものだと認めるのである。もし、人間が、そのような不完全な知識を用いて、何世紀にもわたって変化を細工してきたとするならば、容赦なく効率的に働く自然がその変化を拡大していったときに、どんなことをなしうるかを考えてみるといい。

『人が、その組織的で無意識な選択によって大きな結果を生み出すことができ、そして確かに生み出してきたのだが、そのとき自然がいったい何もしていなかったと言えるのであろうか。人は外的で目に見える性質のみに基づいて行動する。しかし、自然は外見を重んじるようなことはまったくない……自然は、あらゆる内部器官、あらゆる構成上のわずかな差異、生命の全体機構に作用する…人の意志や努力は何とはかないものか。人の一生は何と短いのか。そして結局、人が生み出すものは、自然によって地質紀の全体を通して蓄えられてきたものに比べて、何と貧弱なものであろうか。(Darwin 1859: p. 84)』

さらに、自然という舞台では、十分な時間をかけるという単純な作用だけで、日々の小さな事象を演じて、あらゆる必要とされる大きさにしてしまう。私たちは、より大きなスケールへと向かう、いかなる新しい力も、全体的な調和のいかなる激変も必要としないのである。還元主義がうまくいくのは、地球と生命の両方の歴史に対する因果的構造が、ある瞬間における観測可能な極小の事象の中に、完全にあらわにされているからである。

この因果的斉一性に対する信念が、私たちの自然史の理解における、ある一連の領域の誤謬の原因となった、段階主義的信条を確立したのである。――それは生命の歴史が(形態に関する)進歩の梯子である、あるいは(多様性に関する)拡がりゆく円錐であるという慰めの図式から(Gould 1989 参照)、地質変動の間断ない進行に関する定説にまで及んでおり、それは新天変地異説についてのデリック・エージャー(Derek Ager)の遺著に対するデイビスの最近の書評の序文によく表現されている。

『「ファシスト!」というのは、道端政治家の間では、さらにもっと激しい左翼的な行為の前触れとして叫ばれる、極めつけののしりである。「天変地異説論者!」というのは、私がまだ若い頃に、斉一説という流行の定説の外にさまよい出ようとするような地球科学者に浴びせられた、極めつけの侮辱である…当時、私たちは、地層学において重要なことは、自然の長期的段階主義的過程であると信ずる方を取ったのである…海洋環境の下で形成された堆積層は、無限の時をかけて海底に降り積もった、粒子の段階的な蓄積であると解釈されていたのである。(Davies 1993: p. 115)』

階層性と歴史の問題としての『生命とは何か』

ポストモダニズムの多元論的な精神の中で、同時代の進化理論はいまや、シュレーディンガーの部類（生命とは何かを最小の構成部品の物理的な性質を知ることで答えられるというもの）と、ダーウィンの部類（より上位の階層の過程や時間スケールは、今、生きている個々の生命体に作用している観測できる過程から、因果的に外挿することによって説明されるとするもの）の、どちらの限定的還元論からもはるかに遠ざかってしまった。歴史の階層性と偶然性という二つのテーマが私たちに認識させるのは、シュレーディンガーやダーウィンのレベルでの解答は、「生命とは何か」に対する部分的な解答を与えるにすぎないこと、そしてこの長い間の謎に含まれる、多くの極めて重要で合理的な問いは、そこからのみ引き出しうる独自な体系を要求しているのであり、時間の巨視的スケールで起こった、進化上の際立った転換を導いた過程に適用される、単なる現象論ではない。

階層性

時代と規模において組織が階級性をもつという一般的な概念に基づいた二つの個別の主題は、遺伝子とその構造のスケールにおける「生命とは何か」に対する妥当な解答をあらかじめ排除している。

選択の進化論の公式化における階層性：一種の記述的階層性は、常に現代進化論の創始者たちに認められていたけれども（Dobzhansky 1937；Gould 1982 のコメントを参照）、しかし、それらの科学者たちは、進化とは個体群における遺伝子変化の発生頻度へと、因果的に還元できるものであるという考えを一般に受け入れていたのである。選択理論における明確な因果的階層性の提案は、一九七〇年代初めから大論争を引き起こしてきた。階層性の最も穏健な形式が奉じている考え方は、巨視的進化に関わる事象は、微視的進化理論と完全に整合しているが、微視的世界の教義からは予測できず、それゆえ、より大きなスケールの現象に直接注意を向けることを要求するということである（Stebbins & Ayala 1981）。

より強い形式は、生命体は自然選択の唯一の場所であるという、ダーウィンの主要な主張からはずれている（あるいはよりいっそう還元主義的なドーキンス（Dawkins 1976）の議論、また遺伝子はそのような究極の「人格」の役割をするであろうという他の主張からもはずれる）自然選択の階層的理論が奉じるのは、包含関係がもっている構造的階層性において、いくつかの上に向かう階層に属する生物学的対象――それらの中で顕著な遺伝子、生体、そして種――は、すべて（同時に）、自然選択の理にかなった対象としての役を果たすであろうということである（種というのは自然の対象物であって抽象概念ではなく、それらは、ある生物学的存在が選択の単位として働くために必要なすべての主要な性質——個性、再生産、そして遺伝形質——をもっている）。もしも種が、それぞれの資質によって選択の重要な単位であるとするならば、また、もしも進化のほとんどが、個体群において好ましい遺伝子が外挿的に優勢になるということではなく、むしろ種によってそれぞれ異なる選択上の成功として理解されるべきものであるならば、進化のパターン——「生命とは何か」の重要な要素——は、その種の存続期間全体において、すなわち直接地質学的時間において研究されなければならない。（Stanley 1975; Vrba & Gould 1986; Lloyd & Gould 1993; Williams 1992参照）。

地球のふるまい（**役割**）：たとえもし自然選択が、原理的にあらゆるスケールでの進化を蓄積によってつくり上げることができるのだとするならば、地球もそれに見合って段階主義的スループットを許すようにふるまわなくてはならない。もしも、ゆっくりと蓄積していく筋道が、おりおりの主要な重大事の激変によって狂ってしまう、あるいはリセットされてしまうほど、地球が制御できないものだとすれば、全体としての進化のパターンの原因は複雑なものとなる——そして、まさにそのとき起きた、まれな出来事に帰因する成分は、通常起きている事象の伝統的な斉一論的研究によっては、把握できないのである。

白亜紀の終わりに起こった、隕石の衝突によって引き起こされたとする大量絶滅に関するアルバレスの仮説（Alvarez et al. 1980）の実質的証明（Krogh et al. 1993）は、そのような時間的にも重要性においても、上位の階層にある事象や過程の重要な役割を広く再調査し、受け入れようとすることを支持した。デイビスは古典的な斉一論に対する批判をこう続けている。

『今やすべてが変わってしまった。私たちは地球の歴史を書き換えているのだ。かつて平坦なコンベヤーのベルトを見ていたところに、私たちは今、段のあるエスカレーターを見ているのだ。エスカレーターにおいて、その踏み板は、ほとんど何も起こらない、長い相対的な休止期間である。その蹴り込み板は、地形もその居住者も、何らかの新しい状態へと転換させられるときの、相対的に急な変化という挿話的出来事である。最も着実な現代の地層学者ですら、堆積物の動揺、生物進化の爆発的な時期、火山灰による太陽遮光、大陸衝突、そしておそるべき隕石の衝突を引き合いに出す。私たちは新天変地異説の時代に生きているのである。(Davies 1993 p. 115)』

過去二〇年間に大いに討議されてきた、三つの巨視的な進化現象について考えてみよう。これらは遺伝物質の構成を理解することによっても、あるいは微視的階層のみからいかなる理にかなった外挿をすることによっても、いまだに適切に解答できていない、「生命とは何か」への満足のいく答えの主要部分を構成しているに違いない。(一) 断ち切られた平衡状態におかれた世界での進化の方向(Eldredge & Gould 1972; Gould & Eldredge 1993)。そこでは、方向性は、共通の祖先をもつ生物群(クレード)の中の安定な種の、偏った部分集団の特異な成功のおかげであり、共通の祖先から出た種族の中での、系統全体としての転換によるものではない。また、そこでは特異的な種の成功は、種の階層それ自体に対する、それ以上還元できない選択によって起きるのである。（二）大量絶滅。それは、私たちがそれまで支持してきたライエルのモードの中で想像しえたいかなるものよりも、より迅速（瞬間から日といったスケールで起こる真の大異変によって触発され、おそらく数世紀から数千年紀にわたる殺生効果をもつものがある）で、より大きな影響を与え、より頻繁に起こり、より異なった因果律をもつものであった。（三）生命の歴史における、起源というエピソードの、時間的制約と効果の拡大。それは、特に「カンブリア紀の爆発」に対するもので、実質的に、すべての多細胞生物の主要なデザインが創始された。このカンブリア紀の爆発は、今や、新しい厳密な放射能年代測定法によって、たった五〇〇万年ほどの期間であると特定されている（Bowring et al. 1993）。

現代的な形態の前駆体のみが、この事象によって生じたという、それまでの月並みな進歩主義者の見解に反して、三〇年にわたるバージェス頁岩（爆発のすぐ後のカンブリア中期の大規模な軟体動物層）の再研究が示唆するのは、それらの初期の解剖学的デザインが、現代の生物の境界線を超えていること（新しい解剖学的構造を生み出すのにその後五〇〇万年以上を要したにもかかわらず）、そして、カンブリア爆発以来の生命の歴史は、主として、初期の可能性の縮小の物語であったということである。一つの例外（後のオルドビス紀初頭のコケムシ綱）を除いて、化石の記録にはカンブリア爆発以来いかなる新しい動物門も現れていない。この重要な事象を許容した遺伝的進化的背景がいかなるものにせよ、それは通常あるような、現代の個体群のダーウィン的変化から単純に外挿できるようなものではないのである（Whittington 1985; Gould 1989 参照）。私たちは、そのような事象を理解することなしに、「生命（多細胞の）とは何か」に対する解答に着手することはできない。

歴史の偶然性

あらゆる「自然の法則」型の伝統的説明を適用してみよう。そして、この一揃いの具足により、上位の、より重要で長い時代に及ぶ法則や原理を把握したときに、私たちが学ぶだろうすべてのことを付け加えてみよう。そうしたうえでなお、「生命とは何か」の基本的な部品が欠けていることがわかるだろう。私たちの複雑な自然界の事象は、二つの大きな領域に分けることができるだろう──くり返しがきき、予測可能な、自然法則の帰結として説明するために十分な普遍性をもつ出来事、そして、混沌および真の存在論的任意性の両方が満ちあふれた世界における、唯一の偶発的出来事である。なぜなら、複雑な歴史物語は、無数の同等な選択肢のどれかに沿ってというよりも、実際にたどった道筋に沿って、たまたまくり広げられるものだからである。

これらの偶然の出来事は、伝統的な科学からは怪しまれ見下されているが、より伝統的な予測可能性と同じくらい意味深く、同じくらい重要で、同じくらい興味深く、また同じくらいに解決可能なものとして受容されるべきものである。偶然の出来事というのは、いかにも予言不可能なものであるが、この性質は、この世界の特性から生じるものであり──それゆえ自然界が提示する他のいかなるものとも同じく直ちに意味をもつものとなる──そして、私たちの方法論の限界から生ずるものではない。偶然の出来事は、その連鎖の発端においては予測不可能であるが、いったん起きてしまえば、他のあらゆる現象と同様、説明可能なのである。その説明は、法則に基づいてというよりはむしろ偶然的なものであるので、その結果を生み出した特定の歴史的連鎖に関する知識を要求し、それに対する解答は演繹的というよりはむしろ説明的なものとなるに違いない。しかし、多くの自然科学は、私自身の古生物学も含めて、こうした意味で歴史的であって、もしも保存されている記録が十分に豊かであるならば、そのような情報を提供できるのである。

偶然性を見下げる人々は、前述のすべての主張を認めたうえで、なおこう応答するであろう。もちろん、私はあなたの提示した二つの領域を認めよう。しかし、科学は普遍性においてより「上位」の領域にのみ関わるものである。偶然性という、より「下位」の領域は、小さくてつまらないものであって、上位のものの重要性によって下方に重みづけがなされ、自然の基本的働きという点で、まったく重要性をもたぬ、奇妙で些末なことからなる領域にすぎない。私の議論の中心は、こうしたよくある概念化の否定にあり、また偶然性の領域を、自然法則から演繹しうるいかなるものとも同等に、広く重要なものとして再構築することにある――それは偶然性の領域が「なぜこうであって、他の何千とあるもののどれかではなかったのか。」というよくある問いを包含しているからである。

主な論点は、歴史的あるいは心理的観察において最もよく表されるであろう。傲慢さによって、しかし同時に適切な畏怖をもって、私たちは最も深遠な生物学的な問題を、自然科学の法則によって解かれる普遍的なものであると主張する傾向にある。なぜ生命は、核酸のコードから組み立てられた基質に対する自然選択に、身をさらさなければならないのだろうか。生態学理論の何が、地球が大変多くの昆虫を収容し、ごく少数の有鬚動物しか収容しないのかを、私たちに教えるのであろうか。結局、生命とは何であろうか（それは、再び同様のやり方で進化し、今このようにあるものとは異なる多数の他のものにはなりえない、予測可能な現象として）。しかしながら、これらの問いのほとんどは、私たちがあまりにも熱心に、まるで困惑しているかのように、何かを理解しようとするために生ずるものであり、それはもっと特定すれば、人間である私たちとは何なのか、そしてなぜ私たちはここに存在するかということなのである。プロタゴラスの有名な格言「人間は万物の尺度である」は、的を得たものであった（それは究極の人間主義の声明とも、偏狭な主張とも解釈される）。今、私たち、単一の種としての、偶然の連鎖の最終製品は、もし何千という先立つ段階のいずれかがほんのわずかにでも異なったものとして展開していたならば（そのようなことは起きてもよさそうなことであった）、今の私たちのようなものには決してならなかったであろうものなのであるが——すなわち私たちは偶然の存在であり、決して予測可能な必然ではない——それが偶然の領域の中にしっかりと存在しているのである。そして、特に私たちに真に深くかかわる問いは、たとえそれが伝統的には永遠の本質に関する問いという枠にはめられていたとしても、偶然性という点から答えるべき問いなのである。

　偶然の歴史の領域における小さな差異は、その時点でのどんな観測者にも取るに足らないものと思われるだろうが、「生命とは何か」を根本的に変更するまったく異なった産物へと、段階的に展開していく。偶然性は取るに足らない事がらのみからなる領域ではない。偶然性の主題は、そのうえ、フラクタル構造であり、そして、生物圏の大変動から単一種族の特性にいたるまでの、生命の歴史のあらゆるスケールに浸透していくのである。なぜホモ・サピエンスがここにいるのか——それは真に私たちの「生命とは何か」に対する探究を鼓舞するものなのである（率直なところで、私たちはそれを認めるであろう）。フラクタルのスケールを下ってみれば、全体にわたって偶然性が見出されるであろう。私たちがここにいるのは、カンブリア爆発の解剖学的産物の死の名簿が、バージェス頁岩におけるピカイア属に代表される、小さくて「前途有望でない」脊索動物群を含まなかったからである（生命の記録テープをバージェスの宝くじを通して再生するたびに、まったく異なった生存する種族の配役が与えられるであろう。この意味で今日生存しているどんな群も、その存在を偶然の幸運に頼っているのである）。哺乳動物が生き残ったところまで降りていってみよう。白亜紀後期に火球（究極の無作為というべき青天の霹靂）が現れず、陸生の脊椎動物の世界においては恐竜がなお優位を占めており、おそらくまだネズミサイズの生きものに限定された哺乳類が、恐竜の世界の隙間にいることになるのであろう（恐竜はそれまでの一億年以上もの期間、哺乳類に対して優位を占めてきたのだから、どうしてさらに六千五百万年そうでないということがあろうか）。アフリカの森の一千万年前の類人猿の種族のところまで降りていってみよう。今度の再生においては、乾季が来ず、森がサバンナや草原に転化しない。そしてその種族は永続する森の中に類人猿としてとどまることになるのである——そしてもう一つの今日を大変善く暮らしている、というわけである。

シュレーディンガーは学生時代の好き嫌いについてこう記述している。「どんな科目かによらず、私はよい生徒だった。数学と物理は好きだったし、また古典文法の厳密な論理も好きだった。嫌いだったのは、『偶然の』歴史や、生物地理学上の年代や出来事を、ただ記憶することだった。」量子的任意性を自然の法則のための新しい枠組みへと位置づけるという科学上の革命の偉大な先駆者が、巨視的世界における事象の不確かさという偶然性の形態を、単に歴史的であるという理由で、科学的興味の範囲を超えたものとして捨て去ってしまったとは、何と皮肉なことであろうか。「生命とは何か」は、たしかに、シュレーディンガーが考えたように、自然の法則の領域において答えられるべき問いである。しかし、それと同じく「生命とは何か」という問いは、どの点からみても歴史上の問題なのである。

現代の予言者であるバックミンスター・フラー（Buckminster Fuller）は、たびたび、「単一であるということは複数であり、その最小は二である」と述べている。自然の法則と歴史の偶然性は、私たちの「生命とは何か」に答えるための探究において、対等な相棒として働くに違いない。なぜなら、古代の予言者は、かつてこう述べている（Amos 3:3）。「同意しているのでなければ、二人は付き合うことができる。」

引用文献

Alvarez, L. W., Alvarez, W., Asaro, F. & Michel, H. V.（1980）. Extraterrestrial cause for the Cretaceous-Tertiary extinction. *Science* **208**, 1095–1108.
Bowring, S. A., Grotzinger, J. P., Isachsen, C. E., Knoll, A. H., Pelechaty, S. M. & Kolosov, P.（1993）. Calibrating rates of early Cambrian evolution. *Science* **261**, 1293–98.

Crow, J. F. (1992). Erwin Schrödinger and the Hornless Cattle Problem. *Genetics* **130**, 237-9.

Darwin, Charles. (1859). *On the Origin of Species*. London: John Murray.

Davies, G. L. H. (1993). Bangs replace whimpers. *Nature* **365**, 115.

Dawkins, R. (1976). *The Selfish Gene*. New York: Oxford University Press.

Dobzhansky, T. (1937). *Genetics and the Origin of Species*. New York: Columbia University Press.

Eldredge, N. & Gould, S. J. (1972). Punctuated equilibria: An alternative to phyletic gradualism. In *Models in Paleobiology*, ed. T. J. M. Schopf, pp. 82-115. San Francisco: Freeman, Cooper & Co.

Gould, S. J. (1982). Introduction, Geneticists and Naturalists. In *Genetics and the Origin of Species*, ed. T. Dobzhansky, pp. xvii-xxxix. New York: Columbia University Press.

Gould, S. J. (1989). *Wonderful Life*. New York: W. W. Norton & Co.

Gould, S. J. & Eldredge, N. (1993). Punctuated equilibrium comes of age. *Nature* **366**, 223-7.

Judson, H. F. (1979). *The Eighth Day of Creation*. New York: Simon and Schuster.

Krogh, T. E., Kamo, S. L., Sharpton, V. L., Marin, L. E. & Hildebrand, A. R. (1993). U-Pb ages of single shocked zircons linking distal K/T ejecta to the Chicxulub crater. *Nature* **366**, 731-4.

Lloyd, E. A. & Gould, S. J. (1993). Species selection on variability. *Proceedings of the National Academy of Sciences USA* **90**, 595-9.

Schrödinger, E. (1944). *What is Life?* Cambridge: Cambridge University Press.

Smocovitis, V. B. (1992). Unifying biology: the evolutionary synthesis and evolutionary biology. *Journal of the History of Biology* **26**, 1-65.

Stanley, S. M. (1975). A theory of evolution above the species level. *Proceedings of the National Academy of Sciences USA* **72**, 646-50.

Stebbins, G. L. & Ayala, F. J. (1981). Is a new evolutionary synthesis necessary? *Science* **216**, 380-7.

Vrba, E. S. & Gould, S. J. (1986). The hierarchical expansion of sorting and selection: Sorting and selection cannot be equated. *Paleobiology* **12**, 217-28.

Whittington, H. B. (1985). *The Burgess Shale*. New Haven, CT: Yale University Press.

Williams, G. C. (1992). *Natural Selection: Domains, Levels, and Challenges*. New York: Oxford University Press.

第四章　人間の創造性の進化

ジャレド・ダイアモンド
カリフォルニア医科大学生理学教室、ロサンジェルス、
カリフォルニア州

私たち人間は、どのようにして他の動物たちとこれほど異なったものになったのだろうか。これは、ダーウィンが私たちと他の動物との差異が進化してきたものであるということを示すまでは、提起しえなかった問いである。私たちは、動物とは異なるものとして創造されたのではなかった。そのかわりに私たちは長い時間を経て、動物たちとは異なるものになってきたのである。

最近まで、どのようにしてこのようなことが起きたのかという問いは、もっぱら古生物学や比較解剖学の分野の学問に属するものであった。今では、他の多くの分野、例えば分子生物学や言語学、認知心理学、さらには美術史からさえも識見が押し寄せてきている。その結果、人間の創造性の進化という問題は、ついに解明できる問題になってきたかのように見えるのである。それは紛れもなく、今日の生物学において最も魅力的な問題となっている。

ダーウィンの進化論も甲斐なく、いまだなお、私たちはハマグリもゴキブリもカッコウも、私たちが「動物」と名づけ、私たち人間と対比するところの包括概念の下に、ひとくくりにしているの

である。それはあたかもハマグリやゴキブリやカッコウが、私たち人間との関係よりもそれらの間でより共通する何かをもっているかのごとくである。チンパンジーさえも獣の淵へと突き落として、その一方で私たちは唯一高尚だと主張するのである。私たち独自の性質はすべて、結局は創造性の発現なのである。私たちの創造性がとる独自な形態をいくつか考察してみよう。

●他の動物と違って、私たちは互いに話し言葉や書かれた本を用いて通信する。
●それゆえ私たちは、遠く離れた場所やはるか昔に起きたこと、例えば一九四三年のシュレーディンガーの講義を知ることができる。いったいどんな動物種が、別の大陸に住む同族のどれか他の個体が五〇年前に考えていたことに関する知識を所有するであろうか。
●私たちの生活は、完全に、道具や機械に依存している。
●私たちは芸術を創造し、またそれを享受する。
●人間はまた、集団虐殺や習慣性麻薬の濫用をしたり、互いに苦痛を与えることを楽しんだり、幾千もの種を絶滅に追い込んだりするような、さまざまな企てに創造力を用いる。

他のいかなる動物種もこのようなことは決してしない。その結果、アイルランドやすべての他の国々の法律も、合法的・倫理的に人間は動物ではないと主張している。

私たちは、目下独特な存在であるというばかりでない。古生物学が教えるところによれば、私たちは地球上の生命の歴史の中でも、また独特な存在であった。もしも、私たちと他の動物との違いが単に程度の差であったとしたならば、三葉虫が古生代紀に複雑な石器を振りまわし、恐竜が白亜紀と第三紀の境界期直前に電池式ねずみとりを実験したり、さらにはヒヒが第三紀中新紀にフィンガーペイントを発展させていたことを、化石となった記録が示していたであろう。しかし、このような技術という行為は、ホモ・サピエンスの登場を待たねばならなかったのである。

古生物学は、知性が価値あるものであるという私たちの歴史的な仮定を論破する。そのかわり、地球上で本当に成功したカブトムシやネズミのような種族は、今日ある優勢へといたるよりよい道筋をたどり、贅沢な脳組織でエネルギーをほとんど浪費しないのである。私たち人間は、地球上だけでなく、銀河系の近隣においても唯一のものであることが明らかとなっている。それは地球外知性からの信号に耳を傾けている天文学者たちが、静寂以外の何ものをも宇宙から聞いていないからである。

私たちが唯一の存在であることを示す、これらすべての証拠にもかかわらず、私たちはまったく唯一のものではないということも同時に明らかである。私たちは実際に動物であるというばかりでなく、どういった種の動物であるのかということさえも明らかなのである。私たちはアフリカの大型類人猿の一種である。私たちはサルと同じ解剖学上の部品をもっており、また同じあるいはほぼ同じタンパク質をもっている。ヒトと同様、アフリカサルにおいても、これまでにわかっているタンパク質配列――五つのヘモグロビン鎖、ミオグロビン、シトクロム c、カルボニックアンヒドラーゼ、フィブリノペプチドAとB――のほとんどのものは、種が異なってもただ一つのアミノ酸の違いも示さず、変化しているアミノ酸の総数は一二七一個のアミノ酸残基配列の中でたった五つにすぎない。*私たちがサルと縁戚関係にあるということを皆さん自身納得しようと思ったら、トリニティカレッジの学生やフェローをロンドン動物園の一つのオリに入れ、服を脱がせ、お互いにしゃべることを禁じて、何年も床屋が来ないようにしたと想像してみるといい。そうすると、彼ら、そして私たちは、毛の少ない直立したサルであるということが明らかになるであろう。

私たちは今や、化石と分子的な証拠の両方から、私たちの祖先が、現存するアフリカザルの祖先から、およそ七百万年前ごろに分岐したと認識している。それは、進化の時間スケールにおいてまたたく間にすぎず、地球上の生命の歴史の一%よりはるかに短い。その結果、現在、DNAにおいては、他の二種類のチンパンジー、いわゆるチンパンジーとピグミーチンパンジーと、九八・四%が同じままなのである。遺伝学的にいうと、ヤナギウグイスとムシクイというまちがわれるほどよく似ているアイルランドの鳥が互いに類似しているよりもさらに、私たちとチンパンジーは類似しているのである。もしも、トリニティカレッジが、地球外から先入観をもたない動物学者を雇って、種を分類させたならば、その客員研究者は私たちをまさに第三のチンパンジーとして分類するであろう。

---

*この、またその他の主張に対する参考文献として、私が以前に発表したもの、人類の進化に関する二つの調査報告がある。『第三のチンパンジーの盛衰（*The Rise and Fall of the Third Chimpanzee, London. 1992*）』とJ. Campbell & J. W. Schopf 編の『創造的進化』の中の人類の創造性の進化（The evolution of human creativity, in *Creative Evolution* 1994）である。

実際のところ、私たちがチンパンジーと一・六%も異なっていると言おうとするなら、それは言い過ぎである。なぜなら、私たちの独自性は、DNAにおいては一・六%よりもはるかに少ない違いに依存しているからである。私たちのDNAの九〇%が、コーディングをしていないクズだということを思い起こしてほしい。また、チンパンジーと私たちのDNAのコーディングにおけるほとんどの差異、つまりヒトとチンパンジーのミオグロビンの間の一五三個のアミノ酸残基のうちの一つの差異といったものは、私たちのふるまいにわずかな、あるいは何の帰結も、もたらしていないことを思い起こしてほしい。これに加えて、DNAにおけるコーディングの変化のほとんどは、ヒトとチンパンジーのふるまいの興味深い差異が発現しはじめるときよりも、さらにずっと前に確立してしまったものだということを知るであろう。そのようなわけで、私たちのDNAのわずか〇・一六%の部分が、私たち人間が、なぜ、他のチンパンジーのようにジャングルの中でしゃべることなく餌を探し回るかわりに、ジェームズ・ジョイスのユリシーズの言葉で進化を議論しているのかという理由の説明をするだろうということなのである。

それでは、そのような行動の差を説明する数個の遺伝子というのはどれであろうか。いかにしてこれら数個の遺伝子が、行動における大きな差を生ずるのだろうか。それが現代生物学における最も魅力的な問題なのである。

だれもがまず第一に答えるのは、このようなことであろう。それは知性と創造性の座である、私たちの大きな脳の原因遺伝子であるというものである。私たちの脳はチンパンジーの脳に比べて四倍大きく、また脳と身体の大きさの関係においては、他のどんな動物よりもはるかに大きいのである。私は、大きな脳ということ以外にも、他の属性がまた必要であったであろうと認めている（例えば、直立歩行に便利なように骨盤が変化し、それに続いて手が他の用途に開放されたこと）。さらにこの他に、人間の際立った特性が、大きな脳を協力して機能させるために必要であった。そうした属性の中で真っ先に取り上げなければならないことは、性の生物学における奇妙な特徴（例えば、閉経や排卵隠蔽、そして哺乳動物ではまれなつがいづくりなど）であり、それは、自分一人では生きていけない幼児をうまく育てるのに必要だったのである。しかしながら、このだれもが真っ先に思いつく、人間独特の創造性の進化には大きな脳が必須であるということの正しさについて異議を唱えるものはまだない。それよりもまるで理解されていないことは、私たちの大きな脳は必要条件ではあるけれども十分条件ではないという事実である。このパラドックスは、人間の化石の記録に残っている脳のサイズの拡大に要した時間スケールと、創造性を示す古器物の出現に要した時間スケールとを比較すると明らかになる。

よく知られているように、原人の化石から得られる証拠が示しているのは、私たちの祖先が直立姿勢を約四〇〇万年前に獲得し、私たちの脳のサイズの進化的増大が約二〇〇万年前に始まり、私たちはいわゆるホモ・エレクタスの段階に一七〇万年前に到達し、そして古代ホモ・サピエンスの段階には五〇万年前に到達したということである。これまでに報告されている最も初期の解剖学上の現代ホモ・サピエンス、つまり今日の私たちと同じような骨格をもつものは、約一〇万年前に南部アフリカに住んでいた。その当時、ヨーロッパはネアンデルタール人によって占められており、彼らは骨格構造や筋肉系においては大きく異なっていたけれども、脳のサイズは私たち現代人と比べてむしろ少し大きかったのである。

このように、私たちの脳のサイズの進化的増大は二〇〇万年前ごろに始まり、およそ一〇万年前には基本的にはできあがったのである。人間の創造性の増加を示す考古学的証拠は、果たして脳のサイズの増大と並行して増えているのであろうか。そのような考古学的な証拠は、ついに、豊富になってきて、壁画をはじめ、携帯用加工品、宝飾物、楽器、複合的な道具、死者の意図的埋葬、弓矢などの複雑な武器、複雑な形態をした住居、縫合した衣類などにわたっている。もしこうした私たちの創造性の証拠品が私たちの脳のサイズが大きくなるとともにだんだん出てきたとすれば、私たちは人間の創造性に対する単純な説明を得ることになる。すなわちそれらは私たちの大きな脳の産生物なのである。

驚くべきことに、そのような単純な仮説がまちがいであるという証拠は疑う余地がない。一〇万年前の、解剖学上の現代アフリカ人の道具類や食べ物は、南アフリカの洞窟にある遺跡によく証明されている。彼らは、粗末な石器をつくり続けており、ネアンデルタール人よりもまるで進歩していないことは明らかである。その大きな脳にもかかわらず、彼らは低い人口密度で生活する無能な狩人であった。遺跡にある獲物になった哺乳類の骨も、例えばおとなしいレイヨウ、あるいは幼いかあるいはとても老齢の捕まえやすい動物のものばかりである。危険な獲物の種、例えばサイやイノシシ、ゾウなどはまだ狩猟されていなかった。獲物は、手持ちの槍で間近に迫って安全に殺すことのできる動物で、これは、やり投げ器や弓矢がまだ発明されていなかったためである。一方、これらの解剖学上の現代アフリカ人たちは鳥や魚をほとんど捕食していなかったが、それは網や釣り針がまだ発明されていなかったからである。彼らの大きな脳はまだ、残存する作品としてはまったく何も生み出していなかったのである。彼らがボディペインティングを行っていたのかということについては知りようもないが、しかし、その少し後の洪積世期に見られる豊富な証拠品の中にも、残存するような古美術品を生み出していないのであった。これらすべての創造性に対する証拠品は、同時期にヨーロッパを支配していた大きな脳をもったネアンデルタール人の場合でも、同様にほとんどないのである。そのうえネアンデルタール人の石器は、つくられた時期や発見された場所によってまるで変化がないのである。ロシアのネアンデルタール人の石器は、フランスのネアンデルタール人のものと類似しており、一四万年前のネアンデルタール人の石器も、四万年前のものと同様なのである。明らかに、ネアンデルタール人たちは、今日のホモ・サピエンスの文化遺産に場所ごと年ごとの相違をもたらすような、文化的変化を示さなかったのである。

創造性の欠如は、ネアンデルタール人における最も驚くべき特徴である。これに比べて、創造性は過去一万年間において、そのような顕著な文化的変化を生み出しており、考古学者たちは彼らの人工産物を使って遺跡の年代を特定し、実在のアサンブラージュとして分類するのを定石としているのである。よく知られた現代的な例としては、コンピュータや車の形式は発明を通じて大変急速に変化するので、それが存在した最も近い年代に特定することができるのである。コンピュータ教育を受けている私の六歳になる双子の息子が、コンピュータの素養のない父親がつい最近まで使っていた計算尺が机の中に隠れているのをたまたま見つけたとしたならば、彼らはおそらく私が旧石器時代中期のどの時期に生まれたのだろうかといぶかるであろう。

一〇万年前の人間の行動を、動物の行動から定量的に区別できるような唯一の特徴は、粗末な石器、そして、火の使用が一般的になっていたということである（チンパンジーも石器を使えるが、はるかにまれなことである）。そのころには、ヒトは取り立てて成功した動物というわけではなかった。地球に降り立った知的地球外生物がいたとしたら、私たちをまさに世界を支配しようとするような際立ったふるまいをする種族として特記するようなことはなかったであろう。そのかわり、その地球外生物は、ビーバーやニワシドリ、シロアリ、兵士アリを選択したであろう。私たちは少々見栄えのするサルとして片づけられるのがおちであろう。

創造性の存在を示す考古学的証拠をまだ何も生み出せなかったころに、私たちの大きな脳はいったい何をしていたのだろうか。軽々しいけれども、基本的に正しいと私が信じている答えは、チンパンジーに比べて四倍も大きい私たちの脳が、チンパンジーと質的には同じような課題をこなすのだが、それを四倍も手際よくこなしたということである。今では実地調査の結果、チンパンジーがいろいろな材料（石・木・ガラスなど）を使って道具をつくり、使用することがわかっている。しかし、私たちはよりよい道具をつくることができる。チンパンジーやサルは、他の動物たちより上手に問題を解くことができるが、私たちはさらに上手に解くことができる。例えば、アフリカベルベットモンキーには、ヒョウとニシキヘビが一番の天敵なのだが、草についたニシキヘビの通ったあとがニシキヘビが近くにいることを意味し、また一方で、木の上の獲物の死がいがヒョウが近くにいることを示していることを認知できないのである。しかし、私たちにはそのことがよくわかるのである。チンパンジーは頭脳を何十もの種に関する情報を得るために使っており、特にそれらは餌になる植物に関するもので、薬効のある葉をもつ植物や、離れた場所また長い期間を隔てた果実の情報を含んでいる。私たちは、なおいっそう広い範囲の、食料となる多様な動物種や植物種についての情報を得るのである。チンパンジーは数十個体のチンパンジーを認識し、自分の群の個体に対しては寛容あるいは支持するが、他の群のものは殺し、そして、母子関係のみを認知する。私たち人間は母と同様に父も認識し、さらに兄弟や親子関係に加え、さらに複雑な遺伝的な関係をも認識する。私たちのこうした能力はすべて、チンパンジーをしのぐ量的進歩をなし、おそらく私たちの大きな脳の進化を促進したのである。しかし、このことはまだ、私たち人間の現代的創造性の本質をなすものではなく、あるいは私たちを質的に独特なものにするものでもない。

要するに、一〇万年前には、多くのあるいはほとんどのヒトは現在と同じ大きさの脳をもっており、そして、あるヒトはほぼ現在の骨格系をもっていたのである。一〇万年前のこれらの人々は、今日のヒトと遺伝学的に九九・九九%同一であったのである。脳の大きさと骨格における高い類似性にもかかわらず、本質的ないくつかの成分がなお欠落していたのである。欠落していたものは何であろうか。これこそが人類の進化上、未解決の最大の謎である。つまり、ほとんど現代的な骨格、そして現代サイズの脳が、現代的創造性を生み出すのに十分ではなかったのである。

さてここで、三万八千年前ごろから始まる、西ヨーロッパのある期間に一足飛びに移ろう。それは最初の解剖学上の現代のホモ・サピエンス（クロマニョン人）が西ヨーロッパに現れた時期である。そのときにはじまり、次の数万年にわたって、現代的創造性の考古学的な証拠品が西ヨーロッパで出土している。

こうした証拠品の中には、最初の、形を残している楽器、壁画、小像、携帯品、土偶、宝飾品がある。意図的な死者埋葬の最初の明白な証拠が現われ、宗教の発生を示唆している。道具ももはや、それ以前の粗末で一体の、単一機能を特定できず、明らかに多目的な石器ではなく、今日見てもその機能が明白な特有の形状をもつ石や骨でできた道具である（編み針、つりばり、きりなどの機能である）。そして、いくつかの部品からなる複合的な道具も現れ、それらは柄つきのもり、柄つきの斧、やり投げ器にかけるやり、そして弓矢である。ロープが発達して、罠や網をつくるのに使われるようになった。そして魚や鳥が効率よく捕獲できるようになり、野営の遺跡にその証拠が多く見られる。船が発明されたことは、少なくとも四万年前のオーストラリアとニューギニアの群落によって証拠づけられており、それらの地はアジア大陸棚から、広く恒久的な海という障壁によって隔てられていたのである。縫製された衣服は絵の中に描かれて、さらに縫い針からも証拠づけられており、そのことがついに北極地方に居住することをも可能にしたのである。また、考古学的遺跡には、凝った家の跡が、たたきの床や暖炉、柱の穴や照明とともに残されている。美的感覚や贅沢への欲求が、貝殻や石がヨーロッパをまたぐ何百マイルもの距離を運ばれてきたことから証明されている。これに対して、ネアンデルタール人の石器は、ほんの数マイル以内の地からとれるものからつくられている。クロマニョン人の創造性の最も目覚ましい作品は、後期旧石器時代の作品を蔵するシスティーナ礼拝堂やアルタミラの洞窟やラスコー洞窟に見られるものである。人間のふるまいの災いをはらんだ前進は、オーストラリアやニューギニアの大きな動物種の九〇%が人間の居住に伴って絶滅してしまったこと、そしてヨーロッパやアフリカのいくつかの大きな哺乳動物種が絶滅したことである。これらの種はそれ以前に、洪積世における気候の変動を少なくとも二〇周期にわたり生き延びてきたものなのであり、これらが絶滅してしまった唯一のもっともらしい説明は、人間がやってきたこと（オーストラリアとニューギニアの場合）、あるいは人間の狩猟技術の顕著な発達（ヨーロッパとアフリカの場合）なのである。

三万八千年前に西ヨーロッパに現れた最も重大な新しい特色は、創造性そのものであった。ネアンデルタール人の道具の型は、時間や場所を特徴づける様式としては分類できないものである。それに対して、クロマニョン人の道具や芸術、そしてその他の文化的産物は、千年ごと、そして地域ごとに顕著な変化を示しているので、考古学者たちはそれらを遺跡の年代や類縁性の指標として使うことができるのである。人類学入門コースの学生たちは、後期旧石器時代の文化層の名前を覚えなければならない。例えば、オーリニャック文化、グラヴェチアン文化、ソリュートレ文化、マドレーヌ文化などである。これらの名前は、人間の創造性が、人間の文化的遺産という点においてついに生産をするようになったという、急激な時間の変化の証なのである。

私たちはクロマニョン人を「洞穴の人」と考えがちであり、その言葉で私たちが最初に連想するのは「原始的」ということであるが、その連想はまちがいである。私たちは現在の世界でも、ニューギニア高原に住み、つい最近まで石器時代の技術に依存していた、技術的に「原始的」な人々が、生物学的に見れば彼らは完璧に現代人であり、十分知性的であることを知り、そして彼らが石器を使い続けてきたのは、単純に環境的要因のゆえであることを知ったのである。同じように、三万八千年前のクロマニョン人もまた、完璧な現代人だったと私は想像している。もしも、タイムマシンで彼らが現代につれてこられ、そしてトリニティカレッジで教育されたとしたら、彼らはジェット機をどう操縦し、どうやって分子生物学者になるかを、最近石器時代から抜け出したニューギニアの人々が今日やっているのと、まさに同じように学ぶことであろう。クロマニョン人は単に、三万八千年前には航空機技術に必要なすべての発明をまだ蓄積していなかっただけのことである。

こういうわけで、ヨーロッパでは、人間のふるまいに突然の大躍進が起こったのである。これらすべてに新しいふるまいをもつ、クロマニョン人がやってきたのだ。数千年もかからずに、一〇万年間ヨーロッパを占めてきたネアンデルタール人はいなくなったのである。殺害者たちは、あまり強制力のない状況証拠のもとに有罪とされている。クロマニョン人は殺すとか、移住させるとか、伝染病をはやらせるとか、何らかの方法で、まちがいなくネアンデルタール人を消滅させたのだ。

私がグレートリープフォワード（Great Leap Forward：大躍進）と名づけた文化革命は、ヨーロッパにおいて、それが新しくやってきた人々によってもたらされたために、唐突なものに見える。実際のグレートリープフォワードは疑いなくヨーロッパの外側ではじまり、それには数千年を要した。解剖学上現代的なホモ・サピエンスは、アフリカや中近東ではすでに一〇万年以上前から存在し、そして中近東ではネアンデルタール人を絶滅させることができずに、ネアンデルタール人と長い間共存していたのである。たぶん、クロマニョン人のこれらすべての卓越性は、一〇万年前から三万八千年前にかけて、アフリカか中近東、アジア、あるいはどこか他のところで発達し、やがてヨーロッパへと輸入されたのである。しかし、その一〇万から三万八千年前という期間でさえ、私たちの祖先がチンパンジーの祖先からわかれた七〇〇万年のほんの一部にすぎない。その短い時間で変化し、そしてグレートリープフォワードを引き起こした、私たちの遺伝子の最後の〇・〇一%とは何だったのだろうか。私にはもっともらしいと思える仮説が一つだけある。すなわち、話し言葉の完成の原因となる遺伝子である。多くの動物種は声による通信システムをもっているが、人間の言葉のように洗練され表現力のあるものは一つもない。チンパンジーやゴリラが、数百の記号を含む自分自身を表現するのにコンピュータ言語、あるいは符号言語を用いて意見を述べることを習得できたということは、大変驚くべきことである。表象のレパートリーは、平均的アメリカ人やイギリス人が日常活用している語彙を構成する六〇〇語と、ほとんど同じくらい大きなものである。ピグミーチンパンジーは、ふつうの声音と文章構成で伝えられる英語で話された指示を、理解することを教え込まれている。したがって、サルは明らかに、ある種の言語能力をもっているのである。

それにもかかわらず、チンパンジーやゴリラはしゃべらないし、しゃべれないのである。子どものチンパンジーを、心理学者の夫妻の家で、夫妻の同じ年齢の子どもと一緒に育てたとしても、異なる母音と子音のいくつか以上を発音することを決して学ぶことはできないのである。この限界は、サルの咽頭と声帯の構造からきている。このことがいかに表現力と創造性を制限するかを納得するために、母音としては「a」と「u」、子音として「c」か「p」しか発音できなかったとしたら、いったいいくつくらいの異なる言語がしゃべれるかを試していただきたい。もしも「トリニティカレッジはすばらしい職場だ」と言おうとしても「くぱぷかぱぷうぷあかぷかぷくぴあぷ」と言うのがせいぜいだろう。また、「トリニティカレッジはくしゃみをするには具合の悪い場所だ」と言おうとしても結果は同じような音声になるだろう。

言葉がなくては、私たちは複雑な計画を伝達できないばかりか、そもそもそんな計画など考案できないし、よりよい道具をどう計画するのかというブレインストーミングも、また、美しい絵についての批評もできはしない。しかし、私たちの声帯は、数十の小さな筋肉や骨、神経、軟骨からつくられ、それが精密に調和して働いており、まるで上等なスイス時計のようなものである。したがって、チンパンジーの四倍の脳の体積をもった人類がいたとして、すでにチンパンジーのすぐれた言語能力をもっていたとしたら、声帯に生じた一連のわずかな構造変化が、私たちに二、三でなく数十個の異なる音を発声させ、複雑な言語、そしてグレートリープフォワードを誘発するであろう。そのような小さな変化が、人間の創造性の進化に対する最後の失われていた必要条件だったのであろう。

言語を用いて私たちは創造する。人間の言語の真髄は創造性なのである。すなわち、一つ一つの文章が、知られた語句を組み合わせて生み出される新しい創造である。そのような理由で、一〇万年前の創造力のない人たちが、私たちが今日知っている言語をもつことができたとは、私には思いもよらない。私は人間の創造性の発達が、言語の完成と結びついているという結論を回避することはできない。

もしも、そうした推論を受け入れるならば、そのような現代の人間の言語の発展において、その前駆となる動物の声による通信システムからの中間状態というものを認めることができるだろうか。第一、犬の鳴声と、ジェームズ・ジョイスのユリシーズの言語の間には、まるで橋渡しできない大きな隔たりがあるように見えるのである。しかし、この二〇年間の研究の結果、実際に、その大きな隔たりの間に、少なくともはっきりした三つの中間段階が見出されたのである。

一つの初期段階は、東アフリカでよく見られるサルの種である、野生のバーベットモンキーの「言語」である。バーベットの鳴き声を聞いたときには、最初は、分化していないうなり声を発しているように聞こえるだろう。しかし、注意深くそれを聞いてみるならば、うなり声の中に違いを聞き分けることができるだろう。野生のバーベットの鳴き声をテープに録音し、再生する実験から、バーベットモンキーたちは少なくとも一〇種類の異なるうなり声をもつことが明らかになり、それは三つの主要な彼らの捕食者（ヒョウ、ヘビ、ワシ）を表す独立な「言葉」と、少数派の捕食者（ヒヒ、他の捕食哺乳類や風変わりな人間）を表す独立な言葉、そして、バーベットの種々の社会的階級（有力なサル、下級のサル、同格のサル）を表す独立な言葉も含まれている。

バーベットモンキーだけがそのように特別な言語体系をもつようになったことを、信ずべき理由は何もない。そうではなく、バーベットの言語の認識が大変遅れたのは、バーベットが私たちよりもはるかによくうなり声の差異に同調しているためである。彼らのうなり声を解読するためには、バーベットが住む広い生息地や小さななわばりの助けを借りた録音再生実験が必要であった。野生のチンパンジーやゴリラが自然言語をもつことも期待できそうであるが、それらはまだ確認されていない。というのも、彼らのより密集した生息地やとても広いなわばりのために、実験を行う上で多くの支障があるためである。

バーベットの言語は、異なる意味に対する異なる音を含んでいるにもかかわらず、現代人の言語のもつ本質的な構造を欠いている。すなわち、それは後者のもつモジュール的階層構造である。それはつまりこういうことである。私たちは、一〇個ほどの母音と子音のユニットを組み合わせて、何百かそれくらいの異なった音節のユニットをつくり、今度はそれを何千もの異なる単語という上位のユニットへと結合し、次にそれを句へと編成し、それをまた編成して無数の可能な文章を生み出すのである。階層的結合は、単語を構成したり結びつけたりする文法上の法則に従って行われる。これまでのところそのような階層構造は、バーベットの言葉には見出されていない。すなわち彼らは、組み合わされない単一の音を単位として通信しているようなのである。

バーベットモンキーの自然言語は、それゆえ、人間の会話の発達におけるもっともらしい初期の段階を表している。一つ一つの「言葉」を分離して発音しはじめた人間の赤ん坊が会話能力を獲得する過程において、私たちは発生学的にこの段階を再現しているのである。それでは私たちは、仮定された動物と人間の言語の連続体のもう一方の端に到達し、そして、他の中間状態と同様に、標準的な人間の会話より複雑さの低い、いくつかの簡単な人間の言語を認知することができるのであろうか。原始的な人間の言語が、いまなおこの世界に存在するのだろうか。

一九世紀の探険者たちは、くり返しそのような主張をしてきた。彼らは世界の果てから帰ってきて、原始的な技術をもつ原始的な部族を発見し、それらの人々は「うー」というような単音節のうなり声だけを使って会話するほど原始的であると報告している。

しかし、こういった話はすべて誤りであることがわかっている。実在するすべての標準的な人間の言語は、完全に現代的で表現的である。技術的に原始的な人々であっても、原始的な言語をもつわけではない。実際のところ、私が鳥の進化の野外研究で一緒に働いたニューギニアの高地に住む人々は、一九七〇年の時点において、なお石器に頼った生活をしているが、私たちが文明と結びつけて考える言語である英語や中国語よりはるかに複雑な文法を、例外なくもっているのである。あるいはまた、私たちは、保存されている書き物によって伝わる、最も古い言語を調べてみることができる。最も古い書かれた言語は、紀元前三一〇〇年のスメル語や、紀元前三〇〇〇年のシュメール語である。これらの最初にかかれた言語もまた、すでにその複雑性においては典型的な現代語であった。したがって人間の言語は、紀元前三一〇〇年よりはるか前にすでに現代的複雑さに達し、いかにしてバーベット様の言語がユリシーズの言語へと進化していったかを示唆するような、いかなる残存する原始的な人間の言語も存在しないのである。

実際には、バーベット語よりはるかに複雑で、標準的な人間の言語よりははるかに簡単ないくつかの単純な人間の言語が、今日話されている。そのような単純言語は、人間の歴史の中で無数に自発的に発明されたものであり、それは共通の言語をもたない人たち、例えば貿易商人と彼らの商売相手の土着民、あるいは農園の監督者たちと異なる出身地の農園労働者たちなどが一緒になったときには、いつでも生じるものである。それぞれの事例において、二、三年のうちに一緒にされた貿易関係者も、労働者と監督者も、お互いの情報伝達のための初等的な言葉を発達させたのである。それはピジン語とよばれている。ピジン語は、文法もフレーズ構築もほとんどもたない単語列だけからなり、主として名詞と動詞、形容詞から構成される。この段階もまた、幼い子どもがバーベットのような単一語を発することから、単語列を発するところへ進歩するように、発生学的に私たちが通過する段階の一つに相当する。ピジン語が貿易仲間や労働者と監督者たちによって情報伝達のために使われる一方で、それぞれのグループ内では彼ら自身の標準的で複雑な言語が情報伝達に用いられていたのである。

ピジン語というのは、情報伝達を助けるために限定された範囲で適当なものである。しかしながら、ピジン語を話す両親をもった子どもは、お互いの情報伝達において大変な問題に直面する。なぜならば、ピジン語はあまりにも初等的で、表現力に乏しいからである。そういう状況では、ピジン語を話せる両親の第一世代の子どもたちは、ピジン語をクレオール語というもっと複雑な言語に発達させ、それは一世代の間に自発的に固定されるのである。ピジン語のクレオール語への発達は、計画されたものではなく自発的であるということを強調しておく。それは子どもたちが協議を始めて、両親の言語が不適切であることを認め、そして、その中のどの子どもが代名詞を考案し、他の子どもたちが過去完了の条件付き時制を練り上げるというような具合につくられるのではない。

クレオール語は完全に表現的な言葉で、新しく工夫された文法と、標準的な人間の言語のモジュール階層構成という特徴をもっている。例えば、私自身が見つけた、クレオール語の以下の文を検討してみよう。

"Kam insait long stua bilong mipela – stua bilong salim olgeta samting-mipela i-can helpim yu long kisim wanem samting yu likem, bigpela na liklik, long gutpela prais"

この文は、かつて私がパプアニューギニアの首都のポートモレスビーに滞在していた頃、スーパーマーケットの広告の中に見つけたもので、クレオール語の新メラネシア語とも呼ばれている言葉で書かれている。この広告の英訳は次のようになる。

"Come into our store – a store for selling everything – we can help you get whatever you want, big or small, at a good price."（私のお店にいらっしゃい。何でも手に入る何でも売っているお店です。お望みのものが何でも手に入るようお手伝いします。大きいものも小さいものも、お手頃の値段で。）

この翻訳を原文と比べてみると、クレオール語の文章は完全なモジュール階層構造をもち、洗練された文法要素である接続詞、代名詞、関係節、助動詞、命令文をもっていることがわかる。

世界中で、同様のクレオール語が、最も変化に富んだ語彙と話し手の下に、くり返しピジン語から発生してきている。ピジン語の話し手たちは、アフリカ人、中国人、ヨーロッパ人、太平洋諸島の人々をさまざまに含み、一方、語彙のほとんどを提供する言語は、アラビア語、英語、フランス語、ポルトガル語、ドイツ語と多様である。クレオール語もその起源の言語も、それぞれ大変大きく異なるものであり、異なった起源をもつクレオール語においては、語彙もまったく異なったものとなっているにもかかわらず、できあがったクレオール語の文法の方はすべて何が欠けており、何を備えているかという両方の点においてよく似たものとなっている。多くの標準的な言語と比べてみると、クレオール語は、人称と時制に対する動詞の活用や、場合と数に対する名詞の語形変化がなく、前置詞もほとんどない。しかしながらクレオール語は、ほとんどの標準的言語と同じく、比較節、単数複数の一人称や二人称、三人称代名詞、否定を表す不変化詞あるいは助動詞、過去の時制、条件法、進行形を備えており、それらはおおよそ同じ順序におかれる。

したがって、クレオール語は、それぞれの無縁の起源や異なる語彙にもかかわらず、その文法上の驚くべき類似点を共有しているのである。それらは明らかに、私たちの脳の中に普遍的な文法として遺伝的に配線されたものが、奔出したものなのである。私たちの大部分は親に育てられているので、自分たちの周りで話される標準的な複雑言語を聞き、その言語を学び、それが遺伝的に配線された普遍的なクレオール語の文法を威圧するのである。複雑な言語が話されない環境で育った子どもたちのみがその配線された文法に戻らざるを得ないのである。

かくして、バーベット語、ピジン語、クレオール語は、複雑な現代の人間の言語が動物の前駆的なものからいかにして進化してきたかを実証するであろう、三つの踏み石に相当する。完全な大きさの脳と、解剖学上現代的な人間の創造性が出てくるまでの、およそ十万年前から四万年前の間の遅れは、ほとんど現代的な階層構造をもつ言語の完成に要した時間に帰因するものであろうと、私は推測している。もし私たちがテープレコーダーを積んだタイムマシンをつくって、そしてそれをホモ・エレクタスやネアンデルタール人の集落におくことができたとすると、彼らが、いくつかの異なる音と少数の彼らの単語列を構成する文法をもったピジン語をしゃべることを見出すだろうと、私は想像する。一〇万年前から四万年前までの間、私たちは、多くの母音と子音を明瞭に発音することができるよう、自分たちの声帯を完成させてきたのだろう。また私たちは、こうした母音や子音の音節や単語への組織化をなしとげ、それらの単語をホモ・エレクタスやネアンデルタールのピジン語の単語列とは異なる句や文章に組織化していったのだろう。そしてついに私たちは、普遍的な文法を発展させ、それを私たちの中の遺伝的な配線にしていったのであろう。

実験科学者は往々にして、歴史学、例えば進化生物学を、軽く思弁的であるとして退ける傾向にある。なるほど、よく設計された試験系を操作するような、制御され反復できる研究室での実験という方法論が適用できないような分野の知識を得るということは、より困難なことである。それにもかかわらず、歴史学はそれ独自の有効な方法論を発展させてきた。これからの五〇年に、いったいどのような技術が、人間の創造性の進化についての理解の助けとなるのだろうか。

まちがいなくいくつかの進展が、劇的な新しい進歩から生ずるだろう。例えば、人間のゲノムが今や解析されようとしており、DNAは、何千年あるいは百万年前の植物や動物からも、うまく抽出されるようになってきた。最近、五千歳の青銅器時代のミイラがアルプスで発見され、それはさらに、三万歳のミイラもまた発見できるのではないかという夢を私たちに抱かせる。おそらく、乾燥した血液や組織からDNAを抽出しようとする現在の努力は成功するだろう。もし、そうなったら、私たちは実際に現代人と、すでに消え去った人類の祖先、そしてチンパンジーのDNAを比較することができるようになるであろう。

しかし、私たちはまた、現在手にしている方法論を押し広げれば、多くのことを学ぶことができそうである。私はこれまでに、バーベットモンキーの自然言語の発見について、そして、野生のチンパンジーやゴリラの自然言語を研究しようとするときに直面する技術的な問題についても述べてきた。だれかがサルの自然言語の問題に取り組むのも単に時間の問題であろう。第二の進展は、サルの認識を研究する方法として、サルにコンピュータを通して情報伝達させるという方法が、この一〇年間に急激に発達したことである。第三の有望な領域は、言語学者たちが、一万年以上も前に分化した人間の言語の間の関係を識別することを現在試みており、そして、おそらく遠い昔にあった人間の前駆言語を再構築しようとしていることである。最後に、わずかここ数年の間に、後期旧石器時代の壁画の年代を、絵の材料そのものの^{14}C年代推定法を使って決めることが可能になったことである。これらの結果は、人類の芸術技法の発展の筋道についての洞察を得るまさに端緒であり、それは人間の創造性を知るための窓なのである。

まとめると、私にとって、今日の生物学における最も魅力的な問題は、歴史的断絶によってもたらされるものである。私たちの進化の歴史において、祖先たちの残した文化産物によって明らかにされているように、人間の脳のサイズおよび人間の骨格構造の変化は、人間の創造性から断絶してしまっているのである。私たちの脳のサイズの増大、そして現代人の骨格の発達の大部分は、人間の創造性のあらゆる形態の証拠が現れるよりも数万年も前に、事実上完成していたのである。そのような証拠の新しい形態は、芸術、時と場所における文化の早い変容、死者の埋葬、遠距離貿易などを含んでいる。

私たちと、もう一方にある二種のチンパンジーとの間の遺伝子全体の差は、私たちのゲノムのわずか一・六％にすぎない。そして、コーディングＤＮＡの差の総計は、おそらくその一〇分の一程度であり、一〇万年前以降に完成されるべく残されていたコーディングの変更は、それよりもはるかに少なかったのである。行動におけるグレートリープフォワードの原因となる最終的な変化に関して、私にできる最良の推測は、現代語の完成と関わっている。もしそうであるならば、この最終的な変化が、今私たちがこのトリニティカレッジで席に着き、ジェームス・ジョイスの言語を用いて、霊長類の進化を議論する一方、私たちに最も近いチンパンジーは、同じときにジャングルでシロアリを食べたり、動物園でおりに入れられているのかを説明する、主要な理由となるだろう。

第五章　発生：卵は計算可能か、あるいは私たちが天使や恐竜を生み出すことができるか

ルイス・ウォルパート
ロンドン大学解剖発生学教室

『染色体繊維の構造をコードスクリプトと呼ぶことで、私たちが意味するのは、昔ラプラスが想像した、どんな因果のつながりもたちまち暴いてしまうすべてに通じた賢者なら、適切な状況のもとに卵が成長して、黒い雄鶏になるか、斑の雌鶏になるか、蝿あるいはトウモロコシになるか、シャクナゲか、カブトムシか、ハツカネズミか、あるいは女の人になるかを、その構造から見分けることができるということである。』

『私たちが説明したいと考えていることは、単に、遺伝子の分子描像を用いれば、微細な細胞が、高度に複雑で特定された発生の設計図に正確に対応し、またそれを実行する何らかの手段をもっているに違いないということが、今や考えられないことではないということである (Schrödinger, 1944)』

シュレーディンガーの本のこれらの引用は大変見通しのよいものであり、重要な二つの問いを私たちに投げかけている。第一の問いは、卵の発生が計算可能なものであるかどうかということであ

り、私は、その答えは「ノー」であるけれども、発生のある局面は計算機でシミュレートできるかもしれないということを示そう。第二の問い、すなわち遺伝子がどのようにして発生を制御するかについて、どんなタンパク質がつくられるかを制御することによって、遺伝子が発生に影響を与えていることをシュレーディンガーは知りえなかったのだが、まさにそのように遺伝子は細胞のふるまいと発生を制御しているのである。

この二つの問いを持ち出すことで、シュレーディンガーは、発生というものの基本的重要さを認めているのである。発生は多細胞生物学の中核をなすものである。それは遺伝学と形態学の間をつなぐものである。実際に、私たちの細胞の中の遺伝情報の多くは、発生を管理することを求められているのである。進化とは、構造が改変されて新しいものが形成されるように、発生のプログラムを変更することであると考えることができる。進化で変化するのは遺伝子だけであるので、どのようにして遺伝子が発生を制御するかを理解することは、動物や植物の進化を理解することの基礎となる。私たちがこれらを理解したとき、自分たちの手で天使あるいは恐竜を生み出すことができるかいなかを考えることができる。

ところで、五〇年前と現在の発生学を手短に比較することは興味深い。その当時には、ニーダムの著書『生化学と形態形成（Needham: *Biochemistry and Morphogenesis* 1942）』が、まさに出版されたばかりであった。その本の主な内容は、今から見るといささか不適切な生化学と、そして誘導物質やシグナル分子の探索に関するものであった。今日では遺伝学と分子生物学がその分野の内容をすっかり書き換えてしまったにもかかわらず、これがシグナル分子だと確信をもって示せるものは、ほんの二、三のケースしかないことを認めなければならない。それは例えば、昆虫の複眼でセブンレスと呼ばれる*タンパク分子、昆虫の腸の発生におけるＴＧＦ-β様の分子（Lawrence 1992）、線虫の外陰部の発生過程で見出されるいくつかの分子である。脊椎動物においては、そのような誘導分子や形態形成因子が確立されている例は一つもなく、多くの有力な候補はあるものの、決定的ではない。それに対して、ハックスレーとデ・ビアの初期の著書『実験発生学の要素（Huxley & De Beers: *The Element of Experimental Embryology* 1934）』は実質的に生化学を何も含んでおらず、むしろ濃度勾配や相互作用を強調した一連の考えに関するものである。

発生への鍵は細胞にある――それはまさに進化の奇蹟である。強く主張できることは、一つの真核細胞が与えられたとしたら、多細胞生物や多細胞植物をつくり出すという仕上げは比較的やさしいということである。例えば、細胞周期と細胞分裂は、発生のプログラムと考えられる。発生とは単に細胞のふるまいが変わることでしかなく、ある意味では、細胞は胚よりさらに複雑なものとみなすことができる。すなわち、より複雑にと言った理由は、胚の部品の間の相互作用の方が、細胞内の各構成要素間の相互作用よりもはるかに単純だからである。胚におけるすべての細胞間相互作用は、啓発的というよりも、むしろ選択的なものと考えるべきである。その相互作用は、細胞がとりうる可能な状態の一つを選択するにすぎない。そのような状態の数は、まれに多い状態の場合も

＊訳者註：ショウジョウバエでみられる突然変異。視細胞は八つの感杆分体でできているが、このうち第七番目が欠損する

あるが、ふつうは選択の余地がほとんどないか、二ないし三である。その相互作用は、細胞にかなり低いレベルの情報を与える。発生のもつ複雑性は、細胞の内なるプログラムにある。

発生の進化はそれ自体重要なトピックである。何が発生における選択圧となり、またどのようにして新しいものが生ずるのであろうか。私は、おそらく胚が進化論的な特権を与えられているのではないかと主張してきた。すなわち、胚はただ信頼性の高い発生をしなければならないものであるので、もしそのようになっているのなら、胚は否定的な選択をすることなしに、発生上の可能性を探索することができるのである（Wolpert 1990）。

タンパク質が本質的に細胞のふるまいを決めることから、発生とは、どのタンパク質がどこでつくられるかを制御することであり、それゆえそれらをコード化している遺伝子の活性を制御することであると考えることができる。どのくらいの数の遺伝子が、細胞の通常の機能を与えるものとは別に、発生の制御に関与しているのだろうか。もちろん、その答えはわかっていないが、いくつかの知見から類推ができる。遺伝子数の推定値は、大腸菌で四千個、酵母で七千個、そして線虫においては一万五千個である（Chothia 1992）。ヒトの六万個の遺伝子のうち、三万個ほどが発生に関与していると考えるのは不合理ではない。これとは対照的に、初期の昆虫の発生分析から、たった百個ほどの遺伝子が初期発生の間のパターン制御に関与していることが示されている。そしてまた、線虫では陰門の発生を制御している五〇個ほどの遺伝子が知られている。これは大変小さい数字であるにもかかわらず、もし、一つの構造あたり、例えば百個の遺伝子を考えるならば、ショウジョウバエの五〇の異なる構造には、五千個もの遺伝子が必要となってしまう。遺伝子の数を調べる別の方法は、細胞型の数と関係している。ヒトには、二五〇個の異なる細胞型があり、もしそれぞれが一〇個の異なるタンパク質によって特徴づけられるとし、それぞれのタンパク質がそれを指定するために一〇個の遺伝子を必要とするならば、そのどちらも極めて控えめな数なのに、それだけですでに発生に関する二万五千もの遺伝子があるという結論にたどり着いてしまうのである。脳のような構造は、はるかに多数を必要とするであろう。また、異なった「器官」をつくる遺伝子の間に、多くの重複があるということもありそうにない。なぜなら、もしそうならば、進化における柔軟性の欠如をもたらし、過剰な多面発現性が生じることになるからである。

その作用を理解しなければならない遺伝子の数は数万個にも及ぶ。見かけの冗長性があるという事情によって、理解はますます困難になる。すなわち、明白な表現型をもたらすことなしに、マウスのある遺伝子をノックアウトすることが可能である。それならば、見かけの冗長性をもつ遺伝子の機能は何であろうか。かねてから私は、すべての冗長性は錯覚であり、ただ単に私たちが改変された表現型の正しいテストを準備ができなかっただけのことであると論じてきた（Wolpert 1992）。五％の識別不能データがあるだけで、二万個体もの動物の検査が必要となるのである。したがって、そのような遺伝子の真の機能を解明するのは大変難しいであろう。

次の五〇年間に一般原理が現れることを、どの程度期待できるだろうか。あるいは、私たちは単に細かいことを拾い集める長い期間に向かうことになるのだろうか。現在私たちは、法則らしきアイディアのリストを提出することができ、そして基本的には、発生の根本原理を理解していると感じている。そしていかに少数の概念しか必要ないかという事実は驚きである。中心となる仮説は、細胞の状態が、どの遺伝子が働いているか、またそれゆえ、どのタンパク質が細胞内にあるかによって決定されるというものである。転写の制御と同様に、タンパク質とmRNAの分解も大切であるけれども、その仮説はよい出発点である。おそらく、発生における主要な統合的構造の一つは、染色体部分のプロモーターとエンハンサー領域である。この上流の制御領域は、主要な進化的な変化を受け、その結果、細胞のふるまいのさまざまな様相を統合する働きをするようになったのだろう。例えば、昆虫の発生における遺伝子発現の空間的な局在は、異なる因子がエンハンサー部位に結合し、外部からのシグナルに対する閾値を与えていることの結果であると考えられる（Lawrence 1992）。

発生とは、主として、細胞が秩序だった方法で異なるものになっていくことに関することである。最も初期の多細胞生物が、この問題を二通りの方法で解決していることを考えてみるとよい。一つは非対称な細胞分裂によるものであり、もう一つは細胞間の相互作用によるものである（Wolpert 1990）。この二つだけが、差異が生じるような方法であり、そしてなぜ動物がこれらの一方を用い、他方を用いていないかということは、いまだに謎である。多くの動物はデカルト座標*に沿って発生し、発生のパターンは、それぞれの軸ごとに独立に指定されている。パターンをつくる一つの方法は、ある座標系において、細胞に位置の情報を指定すること、そして次に細胞がその値をさまざまなやり方で解釈することを含んでいる。このことは、初期の発生のパターンと、できあがったもの

＊訳者註：前後軸－背腹軸

の間には何の関係もないという重要な意味をもつ。もう一つの共通の特徴は、位置情報に基づいて変形された基本的な設計図の上につくられる、体節や脊椎、羽毛、歯のような、周期的な構造の発生であると考えられる。相互作用はすべて近距離で働き――一細胞の直径の三〇倍を超えることはまれである――そしてほとんどの形態形成は局所的に起こるので、胚はたちまち、それぞれ互いに無関係に発生していく領域に分割されるのである。

発生を理解するのに最も適した系は、ショウジョウバエである（Lawrence 1992）。二つの軸、すなわち前後軸と背腹軸は、最初は互いに独立であるが、やがて位置情報の勾配を生み出す母方の遺伝子産物によって特定される。受精後に、その勾配は受精卵の遺伝子を次から次へと活性化し、胚は、異なる遺伝子の活性の組合せによって決められる、数多くの部位へと分かれていく。前後軸に沿って、遺伝子活性の周期的なパターンが確立される――体節の前駆体となる。驚くべきことに、それぞれの縞（体節）は独立に、タンパク質の局所的な組合せによって特定される。それぞれの体節もまた、ホメオボックス遺伝子として知られる特別な一連の遺伝子の活性によって、コード化された独自性を獲得するのである。優れたモデルであるハエの発生のもう一つの様相は、複眼を構成する個眼である。そこでは、八個の細胞が光受容体を形成しており、八個の細胞それぞれが独自性をもっている。遺伝子とシグナルのいくつかが同定されている。位置情報に基づいた形態形成機構とは異なり、一連の細胞間の相互作用があり、その結果八個の細胞のそれぞれが正しい位置におかれるらしい。それゆえ、その相互作用は、一つの細胞からその近隣の細胞へのシグナル伝達のみを含んでいる。これよりもわずかに長距離のシグナル伝達が、それぞれの個眼の空間配置に関与している。

空間的構成と違いを生み出すことが初期発生を支配し、そして一般に形態形成（あるいは形態の変化）や細胞分化を進め、また特定するのである。形態形成は、細胞の形や細胞間の相互関係を変化させる細胞の力に関するものであり、これに対して、細胞分化は、異なった細胞型を特徴づける分子の生産を導く。

形態の変化は、遺伝子の作用と力学とを結びつける問題である。両生類や昆虫、ウニにおける原腸陥入に関与する細胞の力についての予備知識はあるものの、どのようにその動きが調和され、どのように正しい時と場所でそれが始まるのかという、細胞内部での機構について、私たちはほとんど何の知見ももっていない。どのようにして遺伝子が細胞の力を制御しうるかを私たちは知る必要がある。明らかな一つの機構は、細胞接着分子の発現の空間的なパターンの制御によるものである。

考慮すべき重要なことは、発生の機構がどの程度保たれてきたかということである。このことは特に、前後軸に対する細胞の位置の情報を与えるホメオボックス遺伝子の役割を例としてよく説明される。これは一般原理に関係し、それは形態形成が、しばしば二つの主要な段階を経て起こるということである。すなわち、位置の情報を与えること、そしてそれを細胞がさまざまなやり方で解釈することである。それゆえ、脊椎動物とハエの前後軸に沿ったホメオボックス遺伝子の発現の類似性は、後に発生する構造の類似性とは比較にならないほど大きい。したがって、たとえ異なった機構が使われているとしても、軸に沿って同じような位置価を確立しようとする収束が存在し、そして、そのうえで後期発生における発散があるのである。また、おそらく形態形成機構は高度に保存されている――細胞接着や細胞収縮の機構は何度も使われている。昆虫とウニの原腸陥入における類似性を調べてみるだけでもわかる。しかし、細胞の分化に関して、どんな一般原理が関与しているかはよくわかっていない。というのは、分化は本質的に、細胞に特異的なタンパク質の発現を制御することだからである。ここでは、最も大きな多様性を見出すであろう。というのは、例えば筋肉や赤血球の分化において、細胞や組織特異的な転写因子の活性化以外には、何一つ同様になるだろうと期待されるものはないからである。

目下のところ、私たちは、ホメオボックス遺伝子、すなわち可能なシグナル分子の同定とハエの初期発生やハエの目と線虫の発生のシステムの細部にわたる分析などがもたらした興奮の波に乗っている。もしかしたら、幻想に終わるのかもしれないが、発生を制御する基本原理を理解したという印象をもっている。私たちは、遺伝子の作用と細胞間での情報伝達の連鎖が、どのように形態形成を起こすかを知ることができる。外肢についてさえ、ホメオボックス遺伝子と成長因子が関与する極めてもっともらしいモデルがある（Wolpert & Tickle 1993）。これに対して、私たちの無知も示しておかねばならない。すなわち、脊椎動物ではシグナル分子が明白に同定されている例が一つもないのである。また、極性の確立に関する細胞構造の理解もまだ初歩的なものである。それゆえ、また形態形成の分子レベルでの理解も同様である。ハエやウニ、両生類の原腸陥入については、もっともらしいモデルがあるが、分子基盤やその遺伝子制御がまだ得られていない。私たちはまた、特に大きさや形の制御といった特性についての理解が不十分である。しかし、そういった問題のすべてに対する理解が、細胞生物学のいっそうたくさんの知識とともにもたらされるだろうと考えている。繊毛をもつ原生動物は複雑なパターンを発生させ、しかも多細胞生物とよく似た規則に従っていることは驚くべきことであるが、私たちはまだ、その発生の分子機構について何も理解していない（Frankel 1989）。そして、ホメオボックス遺伝子による位置情報を特定したことは力づけられることである一方で、この位置情報の解釈、すなわちホメオボックス遺伝子の下流にある標的は、一般に、特に形態形成との関係においてわかっていない。すなわち、ただ一つの遺伝子の置き換えが、ハエにおいては、触角を脚に変えてしまうのである。

卵の発生は計算可能なものなのだろうか。すなわち、もし受精卵の完全な記述――全ＤＮＡ配列やすべてのタンパク質とＲＮＡの配置――が与えられたとするならば、私たちはどのように胚が発生するかを予言することができるだろうか。発生の一般理論というものは期待できるのだろうか。そして、そのような理論はどのようなものなのだろうか。現時点では、その理論に対する各人の評価は、発生する胚に対する各人の見解を反映させたものとなるであろう。その系は力学系、あるいは有限状態機械として扱うのが最もよいやり方なのであろうか。もし、それを力学系として取り扱うのであれば、その原理から導かれる定理、すなわちアトラクタやリミットサイクルについての定理が関わってくることになろう（Kelso, Ding & Schöner 1992）。そのような力学系はその基礎を非線形動力学に置いており、非平衡化学過程を、ゆらぎと不安定、そして特に空間的時間的なパターンの自己組織化という観点から分析する。すべてのそのような系の特徴は、その構造を初期条件から引き離そうとするように見えることである。それにもかかわらず、細胞も胚も、両方とも高度に構造化されている。おそらくより重要なことは、それらの系があたかも連続的であるかのように取り扱われるけれども、しかし、細胞のふるまいと発生は、かなりスイッチ過程に基づくものである。遺伝子を活性化することは、細胞のふるまいをまったく変えうる新しいタンパク質の合成をもたらすようなスイッチなのである。今までのところ、力学系理論によるアプローチは、細胞生物学あるいは発生生物学において、まだ、さして実り多いものとはなっていないこともまた明らかである。一つの可能性をもつ例外は、アラン・チューリングによって提案された方針に沿った、反応‐拡散機構である。反応‐拡散機構は、勾配や周期性をもつ構造の自己組織化に対する魅力的なモデルを提供する（Murray 1989）。しかし今のところ、この機構が発生の過程で働いているという有力な証拠はない。

力学系に対する反例は、バクテリオファージの自己集合であり、それはタンパク質のアミノ酸配列として配線されており、タンパク質間相互作用に対して必須の道筋を示すのである。おそらく同じことが、リボソームやアクチン繊維、コラーゲンのような細胞小器官の集合にもあてはまる。そのような自己集合は、ほとんどの場合、筋肉細胞におけるフィラメント集合のような細胞分化に関与している。

もし発生が、ある種の有限状態機械であるとみなされるのであれば、ヴォルフラム（Wolfram 1984）のセルオートマトンのモデルは大変啓発的である。互いに関係した変数のなめらかな変化を記述する偏微分方程式に基づいたモデルのかわりに、セルオートマトンは多くの似かよった成分の中の不連続変化に基礎をおいている。ある種のセルオートマトンが不連続力学系として解析される一方で、その系の発展を決定する唯一の方法がシミュレーションだけであるようなものもある。すなわち、その一般的なふるまいに対して、有限の数の公式を与えることのできない系である。隣接する値に基づいた極めて簡単な規則ですら、それがもたらすパターンは、どのようにその系がつり合うかを実際に調べることなしに、結果を予測することができないという意味において、計算不可能なものとなるのである。

発生は非計算的なセルオートマトンのようなものなのだろうか。それは何らかの方法でそうなっているように思われる。発生過程での細胞のふるまいは、細胞のそのときの状態と隣接する細胞からのシグナルで決定される。それらが次の状態を決定するのである。すべてのそのような状態は、どの遺伝子が活性であるかによって最もよく特徴づけられる。それにもかかわらず、一つ状態とその次の状態の間には、複雑な相互作用があるだろうということを考慮しなくてはならない。それは例えば、ある遺伝子が活性になったことによってつくられる、ある新しいタンパク質が、他のタンパク質を変更したり、それらと相互作用したりしながら、初めのタンパク質と一緒になって、次の状態を導く細胞のふるまいを変更できるような事象の連鎖をもたらすのである。このことは、発生とセルオートマトンの間にある重要な差異を強調している。なぜならば、パターンが引き続く世代間で変わるようなほんの少数の状態が存在するかわりに、発生の場合には、新しい細胞の状態が連続的に生み出されるのである。したがって、胚発生の過程においては、遺伝子活性の異なるパターンによって定義される、何千個もの異なった細胞の状態が存在するのである。胚の発生は、セルオートマトンの発達に比べてはるかに複雑であり、そしてこの複雑さは、細胞の複雑さと、それらが示す多数の異なった状態ゆえに生ずるのである。それゆえ、形式的にすら、発生をシミュレートすることが可能だとは思えないのである。

それにもかかわらず、原腸陥入のような、形態変化を含んだ過程をシミュレートしようと試みることは、将来、重要なこととなるであろう。その動きはゆっくりであり、初期成分を含まず、それゆえ、その系は準静的であるとみなすことができる。このことは、形態形成の進展をシミュレートしようとする試みを単純化してくれるであろう。しかし、脊椎動物における原腸陥入をシミュレートすることは大きな課題であり、まして脳のようなものの器官形成のいくつかの様相をシミュレートすることは、さらになお怖じ気づくようなことである。

五〇年も経てば、私たちはもう発生の初期条件を十分に決定することができているであろうか。私たちは、そのときには、完全なDNA配列を知っているだろうが、しかし、それよりはるかに多くのことを知る必要があるのである。どのようなタンパク質や母方由来のメッセージが、細胞質の中およびそれらの空間的配置に蓄えられているかを知らなければならない。ほんの小さな変化も重要なものとなりうるが、その検出はかなり難しいであろう。また、細胞内部のシグナル伝達に関与する複雑な相互作用や、無数にあるキナーゼとホスファターゼの作用も理解しなくてはならない。代謝は無視できるかもしれないが、これはまだ明らかというにはほど遠い。しかし、重要な点は、発生のいかなる詳細な理解あるいは計算も、細胞生物学の詳細な知識を必要とすることである。これは、手に負えない仕事である。というのは、そうなると、胚の計算において、すべての構成細胞のふるまいを計算する必要があるだろうということになってしまうからである。しかしながら、もし、発生を説明するのに適し、また一つ一つの細胞のふるまいの詳細を考慮に入れなくてもすむような、細胞のふるまいを記述する上でのある段階が発見されれば、単純化ができるようになるだろう。

こうした問題の中のいくつかに類似するものとして、ずっと簡単そうに思われる、タンパク質の折り畳みの問題がある。次の五〇年間に、アミノ酸配列からタンパク質の三次構造を予言することが可能になるだろうか。その答えはたぶんイエスであろうが、その計算はこれまでのように、第一原理からの構造計算によるものとは限らないだろう。むしろホモロジーからその解決の糸口をつかむことができるであろう。チョシア（Chothia 1992）は、タンパク質は約一千個ものタンパク質ファミリーから誘導されるものであり、それぞれの折り畳みの規則が、結晶学やＮＭＲ、分子模型から解かれるにつれて、どんな新しいタンパク質の構造もおそらく予言可能なものとなるだろうと指摘している。

似たような原理は、胚がいかにして発生するかを予測する場合にも成り立つであろう。異なった生物の初期発生は大変異なったものとなりうる。それゆえ、たとえ軸方向のパターン形成に関与するホメオボックス遺伝子が同定できたとしても、それらの発現の空間的なパターンを算出するのはとても難しいだろう。

もしも、このパターンを知るならば、そのときには、生成物がその制御部位へと結合する遺伝子に関する知識とあわせて、どんな種類の動物が発生するかという一般的な予測をすることが、まさに可能となるのではないだろうか。タンパク質の折り畳みのように、大規模なデータベースに基づくホモロジーが、そのような予測をするための最もよい基礎を与えてくれるであろう。それゆえ、一般原理と、多様な生物において用いられている同じ遺伝子とシグナルが存在するだろうとはいえ、詳細はすべて重要であって、それが発生についての予測を特に難しくするのであろう。このようなあらゆる事情にかかわらず、なおかつコンピュータをプログラムし、発生のいくつかの様相をシミュレートするために十分な事がらが結局は知られるようになるだろう、と考えることは不合理ではなかろう。けれども、私たちは予測できるよりもはるかに多くのことを理解するだろう。例えば、ある一つのタンパク質の構造を変える突然変異が導入されたとすると、その結果を予測することはできそうにない。

さて、次の五〇年は何をもたらしてくれるのだろう。もし私たちが発生の基本的なしくみを理解していると信じているのが正しいことだとすると、新しい原理は何も出現せず、むしろ発生過程での細胞のふるまいの詳細を解明するという、つらい研究の五〇年となるであろう。これは遺伝子の作用ばかりでなく、細胞の生化学と生物物理学の詳細な理解を含むことになるだろう。しかしながら、この詳細はとても興味深いことになりうる。そのような予言は、楽観的でもあり悲観的でもある。楽観的というのは、私たちが発生の原理を理解しているということを意味するからであり、悲観的とは未来が少々退屈なものに見えるからである。真実は、ほぼまちがいなくこれら二つの状況の間のどこかにあり、もしも情報を統合するような新しい機構または手法が出現しないとすれば、それはがっかりすることでもあり、また驚くべきことでもある。そしてまた、まちがいなく強力な新しい技術が発明されるだろう。

発生をシミュレートできることの楽しみの一つは、もしもそれができるとしたならばであるが、それが進化についての私たちの理解に与えるインパクトである。例えば、遺伝子の変化のどのような連鎖が、例えば外肢あるいは脳の発生につながるかを問うことができるのかもしれない。私たちはコンピュータ上で、一つの遺伝子を変えたことによる影響を一つずつ見ていくという「遊び」をすることができるのかもしれない。私たちは、原理的には、恐竜あるいは天使を発生させるような遺伝プログラムをつくり出そうと試みることができるのかもしれない。天使に伴う問題は、天使気質とともに一対の特別な羽を与えることである。特別な一対の羽をもつ外肢を得るためには、かなりの工夫を要するであろうが、もし私たちが身体の設計と羽や羽毛の発生について十分に知っているとすれば、それは実現可能かもしれない。私たちは、鳥や哺乳類のわかっている遺伝子を利用しようとするだろう。天使のような気質を得るためにはどのような神経の結合をつくり出せばよいかを私たちが知るようなことはまったくありそうもないことだが、しかし、十分な時間をかけてよいのであれば、おそらく選択という手段を工夫することができるだろう。恐竜の場合は、たとえ完全なDNAを入手したとしても、それをつくることはずっと難しいものになりそうである。問題は、恐竜の発生のための正しい初期条件を設定することであろう。ジュラシックパークは、相変わらず科学フィクションのままであろう。

引用文献

Chothia, C.（1992）. One thousand families for the molecular biologist. *Nature* **357**, 543-544.

Frankel, J. (1989). *Pattern Formation*. New York: Oxford University Press.
Huxley, J. S. & De Beer, G. R. (1934). *The Elements of Experimental Embryology*. Cambridge: Cambridge University Press.
Kelso, J. A. S., Ding, M. & Schöner, G. (1992). Dynamic pattern formation: a primer. In, *Principles of Organization in Organisms*, eds. J. Mittenthal & A. Baskin, pp. 397-439, Reading, MA: Addison Wesley.
Lawrence, P. A. (1992). *The Making of a Fly*. Oxford: Blackwell.
Murray, J. D. (1989). *Mathematical Biology* New York: Springer.
Needham, J. (1942). *Biochemistry and Morphogenesis*. Cambridge: Cambridge University Press.
Schrödinger, E. (1944). *What is Life?* Reprinted (1967). with *Mind and Matter and Autobiographical Sketches*. Cambridge: Cambridge University Press.
Wolfram, S. (1984). Cellular automata as models of complexity. *Nature* **311**, 419-424.
Wolpert, L. (1990). The evolution of development. *Biological Journal of the Linnaean Society* **39**, 109-124.
Wolpert, L. (1992). Gastrulation and the evolution of development. Development Supplement 7-13.
Wolpert, L. & Tickle, C. (1993). Pattern formation and limb morphogenesis. In *Molecular Basis of Morphogenesis*, ed. M. Bernfield, pp. 207-220. New York: Wiley-Liss.

第六章　言語と生命

ジョン・メイナード・スミス*＆エールス・サトマーリ**
＊ サセックス大学生物学教室、ファルマー、ブライトン州
＊＊ エトヴォス大学植物分類・生態学教室、ブダペスト

生き物はすべて、世代間で情報を伝達できる。形質遺伝の特性——すなわち瓜のつるになすびはならぬ——ということは親から子への情報伝達によるものであり、その形質遺伝は、集団が自然選択によって進化することを確かなものにしている。もし銀河系のどこかで私たちとは違う起源をもった生命体に遭遇したとしたら、彼らもまた形質遺伝のしくみをもち、遺伝情報を伝える言語をもつだろうと自信をもって言えるのである。そのような言語の必要性は、『生命とは何か』の中で、シュレーディンガーの言わんとした最も中心的な課題であった。彼はこれに「コードスクリプト(codescript)」という言葉をあてた。私たちは言語に関していくつかの推測をすることができる。おそらくそれは離散的（デイジタル）なものだろう。なぜなら連続的に変わる記号によってコード化されたメッセージは、個体から個体へと伝えられるうちにたちまちノイズと化すからである。また言語は、限りない数のメッセージをコード化できなければならない。そのようなメッセージは、高い精度で複写あるいは複製されなければならない。そして最後に、メッセージは、それ自身の生き残りや複製の

機会に影響を及ぼすという観点において「意味」をもたねばならない。もしそうでなければ、自然選択が作用しないのである。

実存する生き物には、一つではなく二つのそのような言語がある。DNAとRNAという、核酸の複製に基礎をおいた一般的な遺伝言語と、もっとなじみのある言語、すなわち人間だけに限られるが、今私たちが使っている言語である。前者は生物進化の基盤であり、後者は文化的変容の基礎である。このエッセイの中で私は、この二つの言語の起源について検討してみようと思う。

生命の起源において、核酸複製の起源は一つの決定的な段階、いやおそらくこれこそが決定的な段階であるが、実のところ、ここではその話に触れるつもりはない。そのかわり遺伝コードの起源について検討しよう。あらゆる生き物において、核酸とタンパク質は分業をしている。核酸は遺伝情報をもち、その情報は複製を通して伝達される。タンパク質は生体の表現型を決定する。両者は遺伝コードを通じて関係する。そこでは、核酸の基本的な配列が、タンパク質のアミノ酸配列に翻訳されている。この翻訳の過程によって、核酸は私たちが意味と呼んだものを獲得している。すなわち、タンパク質を特定することで、彼らが生き残る可能性に影響を及ぼしている。これがいわゆる「適合」である。この翻訳のメカニズムは大変複雑かつ普遍的で、それがどのようにして生じてきたかも、生命がそれなしで果たして存在しうるのかどうかも、理解することは難しい。

このうち第二の問題、すなわちコードに依存しない生命の存在は、一〇年前にはとても解決にいたらない謎と思われていたが、今やそれほど不思議なことではなくなっている。決定的な発見は、現存している生命体の中でさえ、タンパク質ではなくRNAからできている酵素があるということである(Zaug & Cech 1986)。この事実は「RNA世界」という概念を導く。その世界では同じRNA分子が表現型であると同時に遺伝子型となり、酵素でもありかつ遺伝情報のキャリアーともなる。このような描像を受け入れたとするならば、タンパク質、すなわちコードなしに、生命を得ることも可能である。また、どのようにコードが生まれたかを想像することもより容易になる。

コードの本質は、三つ一組のヌクレオチド――すなわち「コドン」――が、それぞれ二〇個のアミノ酸のうちの一つに割り当てられていることである。この割り当ては、特定のアミノ酸が、関係するコドンを組み込んでいる特定のtRNAに結合することによって成し遂げられる。この結合は特定の酵素によって行われており、それは割り当て酵素と呼ぶことができよう。コードの特異性は、これらの酵素の特異性によっている。私たちの課題は、こうした特異性がどのようにして現れてくるかを説明することである。

しかし、この疑問に向き合う前に、私たちは今考えているコードの性質から一体何が言えるのか、簡単に見てみよう。いくつかの異なった様式のコードがある。例えば、イーストやほとんどの動物のミトコンドリアにおいて、AUAというコドンは、イソロイシンの代わりにメチオニンをコード化している。そうした相異はいくつも知られているが、今後もこのような変化は多く見つかるだろう。しかし、この可変性は限られており、単一の先祖にあたるコードがあるという考え方、そしてそこからいろいろなマイナーな変化が起きたという考え方とは矛盾しない。しかし、そうした変化が存在するということは、一つの問題を提起する。いかにしてコードが進化しうるかということである。もしも、例えば、一般的なコードではそうなるように、AUAがイソロイシンを指定するならば、どのようにしてその割り当てが変わりうるのだろうか。障害は、一般に、一つの生体のゲノムの多くの部位にAUAコドンが存在することである。イソロイシンをそれらの部位の一つで選択的にメチオニンに変えるということがたとえ有利だとしても、すべての部位において変えるということはまったく不利なことに違いない。変化を説明する有力なメカニズムは、大沢らによって論じられている（Osawa et al. 1992）。本質的なことは、方向性をもつ変異圧の存在を彼らが提案し、それがアデニン‐チミン塩基対とグアニン‐シトシン塩基対の割合を変化させ、特定のコドンがもはや使われなくなってしまう、すなわち使われていないコドンに割り当てし直されるということである。

ここで重要なことは、たとえそれがまれで困難を伴うにせよ、コードが進化しうるということである。進化の初期において、生体がはるかに単純で、しかも少数の遺伝子しかもっていなかったころには、進化的な変化はおそらくずっと容易であっただろう。このことの重要性は以下のようにまとめられる。すぐ後で示すが、コードは順応していくという特徴をもっている。一般に、進化生物学者は順応を自然選択によって説明している。変化することのできないコードは、この点では順応性あるものとなりえない。しかし、もしもコードが進化するならば、そしてそれはそうなっているように思われるのだが、こうした順応性は容易に説明できるであろう。

順応性の最も明瞭な例がある。それは化学的に似ているアミノ酸は、よく似たコドンによってコード化されているということである。例えば、アスパラギン酸とグルタミン酸は化学的によく似ており、アスパラギン酸はGAUとGACというコドンによってコード化されている。一方、グルタミン酸はGAAとGAGによってコード化されている。この点についてのさらに一般的な解析によって、そうしたコードがランダムなものとはほど遠いものであることが確認されている。なぜ、よく似たアミノ酸にとって、よく似たコドンによってコード化されることが、順応性をもつことになるのだろうか。二つのもっともらしい理由が挙げられている。第一に、もしタンパク質合成に誤りが起きたとしても、タンパク質機能に及ぼす効果が比較的少なそうである。第二に変異が起きても障害が生じにくいことである。

もう一つの、コードの非ランダムな性質は、その冗長性に関するものである。アミノ酸は一、二、三、四あるいは六つの異なったコドンによって指定できよう。しかし、一般に、タンパク質に共通のアミノ酸は、さらに多くのコドンによって指定される傾向にある。例えば、ロイシンとセリン（両方とも六つのコドンが対応）は、トリプトファン（一つのコドンが対応）よりも一般的である。しかし、このことをコドンの順応性ということで説明しようとするのは、おそらくまちがっている。むしろ、選択されずにそのままでいるという方がもっともらしい。それゆえ、トリプトファンに比べ、セリンやロイシンの変異体は多く存在することになる。もし、少なくともいくつかのアミノ酸の変化が選択的に中立ならば、タンパク質の豊富さと冗長度との間に認められる関連は予想されるものである。もう一つ、選択が、まさに冗長性に相当する、タンパク質が多数になることを防げるという明らかな証拠もある。例えば、酸性のアミノ酸（アスパラギン酸とグルタミン酸）と塩基性のアミノ酸（アルギニンとリシン）の出現頻度は、予想されるとおり等しく、それは細胞内pHが中性だからである。しかしコドンの冗長性に基づくと、塩基性のアミノ酸は二倍の頻度になると期待されるのである。

特定のコドンが特定のアミノ酸と会合する化学的な理由があるのかどうか、という疑問が残されている。言い換えれば、割り当ては化学的には任意であり、それはヒトの言語における言葉と意味の割り当てがかなり任意であるのと同じである。後者の仮説に従えば、グルタミン酸とアスパラギン酸に対するコドンの、最初の二つのヌクレオチドが同じである理由はあるだろうが、しかし、それがGAであって、例えばAUでなかったことは、まったくの偶然なのである。この問題はいまだに解決していないが、そこに存在するだろういかなる化学的特定性も、それだけでコードを決定するのに不十分だということが明らかである。すなわち、割り当て酵素の進化が、解明すべき重要な段階として残っている。

基本的な考え（Szathmáry 1993）は、生命過程における最初のアミノ酸の介入が、リボザイムのコファクターとしてであったというものである。アミノ酸をコファクターとして利用することにより、リボザイムの触媒能と効率は非常に増大した。この考えは図1に示されている。それぞれのコファクターは、オリゴヌクレオチドに結合するアミノ酸から成り立っている。それはおそらく三ヌクレオチドで、その場合には、コードは最初から三つ組のコードになっていたのである。オリゴヌクレオチドの機能は、コファクターを塩基対結合によってリボザイムにくっつけることである。それぞれの型のコファクターは、数多くの異なるリボザイムと結合して機能しえたのである。

このシナリオにおいては、コード化の基礎であるところの、オリゴヌクレオチドに対する特定のアミノ酸の割り当ての起源は、タンパク質合成とは無関係であった。その割り当ては、利用できる

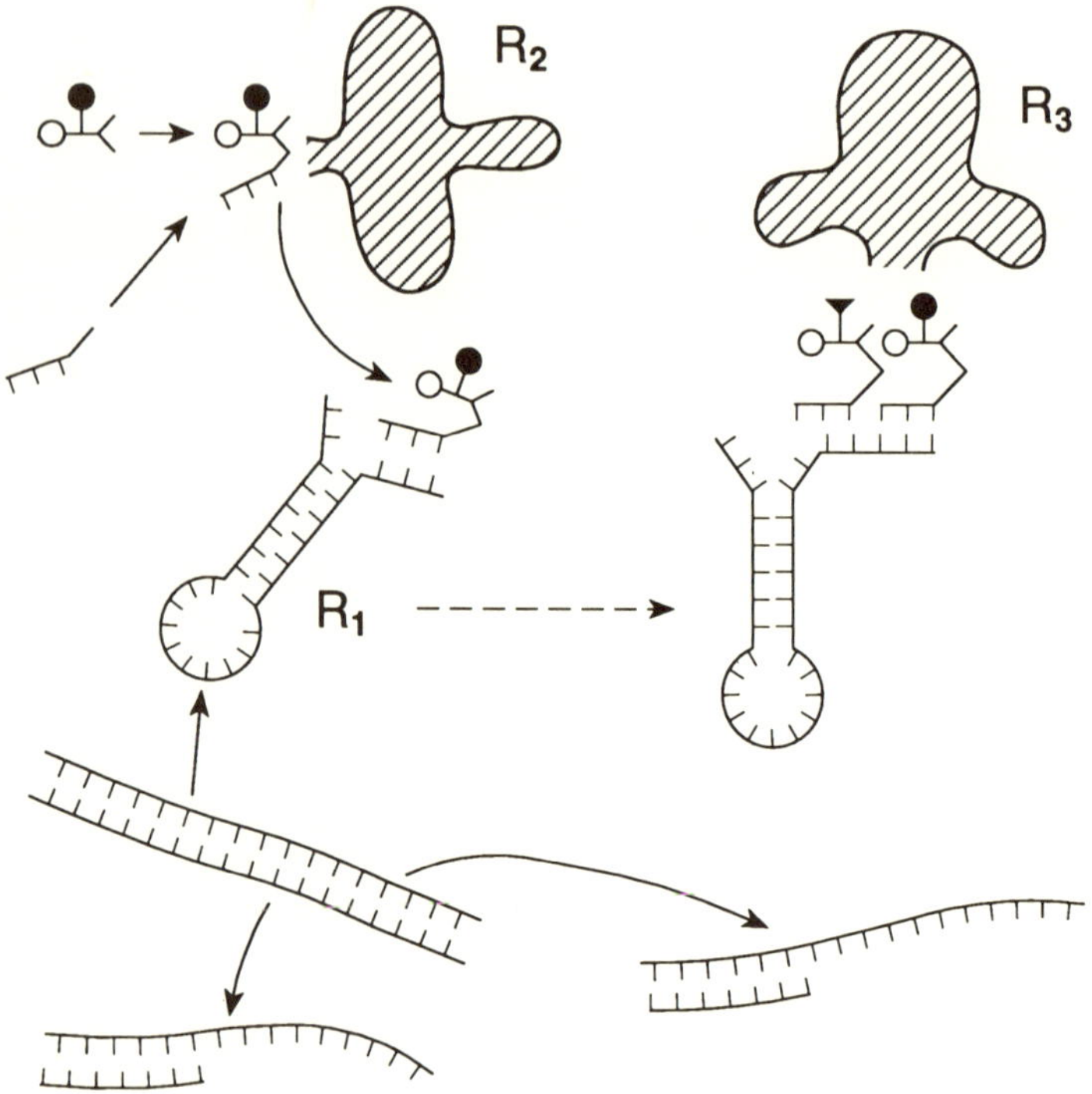

図 1　遺伝コードの起源の仮説。説明は本文を参照。矢印は細胞の中での変化を，破線矢印は進化的な変化を示す。

コファクターの数、すなわち、生化学的な多能性を付け加えていく過程を、一つ、また一つと経て生じたものである。引き続いて起こった進化の歴史が、図1に示されている。次の段階は、いくつかのアミノ酸を一つのリボザイムへ付着させることであっただろう。それらを連ねてペプチドをつくったことが、タンパク質生合成に向けての第一歩となったのであろう。そしてついに、原始リボザイムはmRNAへ進化したのであろう。すなわち、コファクターのオリゴヌクレオチドという手の部分が、tRNAになったのであろう。そして割り当て酵素R2は、特定のアミノ酸を特定のオリゴヌクレオチドにくっつけていって、tRNAアミノアシルシンセターゼへと進化したのだろう。そしてついにリボザイムR3は、アミノ酸をペプチドへと結合させて、リボソームへと進化したのであろう。

このモデルは未解決の多くの問題を残している。例えば、リボザイムを「メッセージ」としてつくることができる短いペプチドに比べて、タンパク質ははるかに大きいのである。しかし、そのモデルは、コードをもつものともたないものの間に、そのどちらかを選択しうる中間段階を暗示するという利点をもっている。すなわち、例えば、単一種のコファクターをもつことが、まったくもたないよりも良いとか、二つのコファクターをもつほうが一つよりも良いなどという選択である。こうした観点から、このモデルは、完全に形成されるまでは使いものにならないような、複雑な器官の起源に対する、別の提案に通じるものがある。例えば、トリの羽は、飛ぶために使いものになるほどまで発達するはるか以前に、所有者の身体を暖かく保つのに役立っていたというようなことである。

さて、ここで第二の問題、すなわちヒトの言語の起源に移ろう。これは言語学者たちに評判の悪い話題である。ダーウィンの『種の起原』の出版以来、言語の進化に関する数多くの的外れな考えが提案され、一八六六年には、フランス言語学会が言語の起源についての論文は受理しないと声明するほどになってしまった。彼らの反応はおそらく正当であったが、この問題を再び取り上げるときが来た。実際、この問題について、最近、二つのエキサイティングな発展があった。

一つはヒトの言語の系統発生に関するものである。言語に対する系統発生的なアプローチは決して新しいものではない。今日までの主な成果は、インド‐ヨーロッパ語が共通の祖先をもつ単一の類に属するという認識である。しかし、最近になるまで、言語間における言葉の貸借の程度があまりにも大きいので、より深い系統発生を見出そうとする試みは望み薄であると思われていた。この見解は、今日、多くの言語学者の挑戦を受けており、特にそれはロシアとアメリカ合衆国からである。科学の分野ではよくあるように、進歩は方法論の洗練度に依存している。この場合の決定的な一歩は、言語間の相互関係が、文法ではなく、むしろ割合早く変化する共有された語彙から導かれ、さらに重要なことは、その語彙を技術的な意味を含まない言葉のみに限定すべきであるという主張であった。例を挙げれば、人体の部分に対する言葉、それから親族関係、睡眠、食事、暑い寒いといった語彙であり、それにあたらないものは、鋤や家、矢などである。その理由は明らかである。技術的な単語はよりしばしば借用されるものだからである。

生物学と言語学における系統発生的再構築を比べることは、興味深いことである。言語の再構築においては、二つの難問に直面する。第一の問題は、音韻推移から生じるものである。特に、私たちが書き言葉ではなく話し言葉に関心をもつことによるのだが、例えば、多くの言葉において、ドイツ語のdが英語のthに系統的に置き換わっている。生物学における最も近い類似は、突然変異圧のもとでAT／GCの比が変化することである。第二は、単語の借用の問題である。生物学における類似の過程は、遺伝子の水平移動だが、それが私たちを惑わすことはまずない。しかしながら、生物学と比べて、言語学においてはさほど深刻でない一つの問題がある。生物学においては、特に、形態学的な特徴にだけ頼って分類を行うならば、異なる種族に同様な選択力が働くことで引き起こされる相似によって、私たちは惑わされてしまうのである。例えば、脊椎動物の目と無脊椎動物であるタコの目がその例である。この困難は言語学においてはさほど重大ではない。というのも、ほとんどの単語の形態は、その意味とは無関係だからである。最後に、キャバリー＝スフォルツァと彼の共同研究者が示したように、言語学の系統発生を遺伝的なデータを用いて検証することが可能なのである。原始言語、あるいはどちらかといえば原始語彙を再構築できるというのは期待しすぎであろうが、言語間のより深い関係を見出すことにおいて、本物の進展がなされつつある。

この系統発生的な研究は、人類すべてが共通の言語能力をもっているという仮説に基づいている。すなわち、その能力は文化の進化に関係するのであって、生物学的な進化に関わるものではない。生物学者にとってより興味をそそられる問題は、言語能力それ自身の起源である。長い論争が二つのグループの間で行われてきた。スキナーに従って、言語学習を適当な強化、すなわち罰と、さらに重要な報酬によって得られる、人間の学習の一例にすぎないと考えるグループと、チョムスキーに従って、話すことを習う能力というのは非常に特殊なもので、単なる知性の増進に伴う副次効果ではないと考えるグループである。チョムスキー派は、話すということは複雑な文法規則の無意識な把握が要求されることであり、それは行動主義者が言うようなやり方では、おそらく学習することができないだろうと論ずる。

今日、チョムスキー学派が論争に勝ったことが広く認められている。二つの議論が決定的であった。第一は、子どもが話すことを学習するのに十分なほどの入力が与えられていないという指摘である。子どもは有限な文章の集合を耳にすると、すぐに無数の言葉を発することを学習する。このことは、両親が子どもの言葉のまちがいを直すことがまれなのにもかかわらず、子どもたちが、文法的に正しい文章をつくる法則を学んでいることを示している。第二の論点は、学ばなくてはならない文法の微妙さにある。二世代にわたる言語学者とコンピュータプログラマーたちが、まだ機械翻訳という課題を解決できないでいるのに、多くの六歳の子どもは二つの言語を流暢に話し、一つの言語から他のものへの翻訳をしているのである。以下では、人類が言葉に対して特殊で生得的な能力をもっている、と信じられていることについての、第三の、遺伝学上の議論をしよう。

言語能力が何から構成されているかを正確に定義するよりも、それは生得的なものであると主張する方が簡単である。話をしたり、それを理解することは、二つの能力に依存しているものと思われる。第一のものは、意識の階層的な構造を用いて表現される、意味を言い表す能力である。ここで、この構造の構成要素は、完全な文章の中で、名詞句や動詞句などによって表現される要素のことである。第二のものは、このような意味をもつ構造が一連の音に変換される規則を学習する能力、すなわち「表面構造」である。もちろんこの規則は、言葉が違えば異なるものである。例えば、英語では語順によって表される関係が、ラテン語では語尾変化によって表される。この二つの能力のうち第一の能力は、伝達の機能よりもむしろ認識の機能を果たすものであるがゆえに進化してきたのではないかという主張がなされようとしている。考えるということは、頭の中にイメージをつくるということだけでなく、それらのイメージを操作することまで要求する。例えば、「昨日、二匹のヒョウがあの木に登った。一匹は降りてきたので、もう一匹のヒョウはまだあの木の上にいる」と考えることは、たとえその考えを口に出して表現できないとしても、そう考えられるということが有用なのである。いまだ言葉が十分しゃべれない子どもたちが、これに類似した心理的な課題をこなせることに相当するだろう。言語学者たちはこの考えに反対するかもしれない。なるほど、考えることは言葉を使ってのみ行うことができるという議論がしばしばなされるが、これは疑わしい。チェスをしながら、『もし「ポーン」を使って「ビショップ」をとったとすると、それなら相手は「ナイト」をB3の位置に置いて、こちらの「キング」と「クイーン」の両当たりになってしまう。それで、絶対に「ビショップ」をとってはいけない』と考えるだろう。ここでは考えを伝えようとしているので、仕方なくそれを言葉で表したのだが、その考えは視覚的イメージとして存在すると思われる。しかしまた、思考は文法的でもあり、それは「もし」「それなら」、「それで」の使い方を見れば明らかである。あたかも名詞や動詞が視覚的イメージに置き換えられたかのようであるが、文法は残っている。文法が与えるものは、イメージや概念に対して、論理的な操作を実行する能力なのである。

それゆえ、私たちが提案したいのは、思考というものが、それが伝えられるかどうかとは無関係に、生存の助けとなるがゆえに概念を構成し、それらを操作できる能力が進化したということである。この考えは私のオリジナルではない。例えば、進化論的な信条をもった言語学者であるビッカートンはそのように論じている（Bickerton 1990）。しかしながら、第二の能力、すなわち意味をもつ構造を音の直線的な連なりに変換する能力が、コミュニケーションは別として、なぜ必要とされなければならなかったのかを理解するのは難しい。いかにしてこの能力は進化することができたのだろうか。ピンカーとブルームは、言語能力は、複雑な順応性をもつ器官であり、この意味において動物の目や鳥の羽と共通点があり、そして自然選択によって進化してきたものに違いないと論じている（Pinker & Bloom 1990）。彼ら自身が強調しているように、この主張は自明であるが、そのことを口に出して言う言語学者を必要としているのである。言葉の起源を想像するうえで、多くの言語学者たちが感じている困難は、言語をもっている状態と、もっていない状態の間に、有効な中間状態を想定することが非常に難しいということである。この困難は、しばしば次のような形で表現される。すなわち、ある文法的な規則、例えば文章を疑問形に変えるときの規則というようなものが万が一なかったとしたら、表現しえないような重要な意味が存在することになってしまうだろう。進化生物学者たちは、別の文脈において、このような異論によく出合う。眼はその一部、例えば瞳をもたなければ働かないのだから、自然選択によって進化したのではないと、いかにしばしば言われることだろう。眼の場合には、さまざまな中くらいの複雑さをもった光感受性の生物が生き残っている例があるので、この反論には答えられる。言葉における困難は、そのような中間体がないことから生じる。進化の過程で経たであろう中間的な段階を推測することなしに、生得的な能力の実体は何かを解き明かすことは大変難しい。

幸いなことに、この困難に対する解決策は、思わぬところからやってきそうである。ゴプニック（Gopnik 1990; Gopnik & Cango 1991）はある英語を話す家族について、その何人かに共通な特定の言語に対するハンディキャップがあるということを述べている。三代にわたる二九人の家族のうち、一五人にそのハンディキャップが生じていた。一氏族の中のすべての人にではなく、一部の人にそれが起きるので、これを環境ということで説明すること——両親の一人が文法通りに話せないので、子どももできないのであるということ——は受け入れがたい。実際のところ、その障害は高い確率で発現する優性遺伝形質として遺伝するのである。そして、そのことは、以下に述べるような文法的欠陥の特徴と、それが精神的障害や、耳が不自由なこと、運動能力の欠如、人格異常とは無関係であるという事実の両方において特異的である。特にそうした障害のある子どもでも、それ以外は正常な精神発達をしているのである。

ゴプニックはこの障害を診断するのにさまざまなテストを用いたが、中でもその障害の性質は、障害のある子どもたちによって書かれたいくつかの文章を引用することによって最もよく説明される（これらの文章は少々短縮してあるが、意味は変わっていないと思う）。

She remembered when she hurts herself the other day.
Carol is cry in the church.
On Saturday I went to nanny house with nanny and Carol.

それぞれの文章において、この子どもは、単語の形態を適切に変化させられていない。すなわち最初の二つでは、過去の時制（hurt, cried）を表す変化が、そして第三の文章では所有格（nanny's）を表す変化が要求される。また障害のある子どもたちには、複数形に対しても同様な障害があった。ある子どもが、一冊の本の描写はbookで、何冊かの本ならbooksであるということを学ぶとする。そこで、次に、その子どもが、想像上の動物を見せられて、それをwugだと言われたとする。そこでもし何匹かのwugの絵を見せられたとしても、適切な単語がwugsだということがわからないのである。したがって、その子どもは、単数と複数、あるいは時制の特定の例を学ぶことはできるが、それは私たちが「馬」や「牛」のような特定の用語の意味を学ばなければならないのと同じことであって、一般化することができないのである。

一般化ができない例は次のような逸話によく示されている。先週末にしたことの報告として、ある子どもはこう書いた。

On Saturday I watch TV.

明らかに、これは、彼女が毎週土曜日にすることについての、文法的に正しい言い方とみなすことができよう。しかしながら、先生は合理的に、先週末に彼女が何をしたかについての主張とみなして、それを「watched」と修正したのである。次の週末には、その子はこう書いた。

On Saturday I wash myself and I watched TV and I went to bed.

三つの点が浮かび上がっている。彼女は「見る」の過去形が「見た」であるということを学習した。しかし、それを「washed」にまで一般化することはできなかった。彼女はすでに「go」の過去は「went」であることは知っていた。結局これは、私たちが一般化によってではなく個々の事象としてすっかり覚えなければならないことと同じなのである。

この興味深い事例は重要な示唆を含んでいる。第一に、障害をもつ人たちは、欠陥はあるが、文法なしで言葉を操っているわけではない。すなわち彼らは、まったくしゃべれないというのに比べれば、ずっとよいのである。言い換えれば、完全な能力と無能力の中間状態が存在するのである。第二に、障害は言語に特異的なものであって、そこには精神的な欠陥はない。これはチョムスキーの、言語能力が単なる一般的な知性の副産物ではないという見解を裏づけるものである。第三に、それは言語の進化を理解する道筋を示唆している。

大変もっともらしいことだが、もしもその障害が、単一の常染色体の遺伝子の突然変異によって引き起こされるならば、その遺伝子をつきとめ、特徴を明らかにすることができるという可能性がある。そのような特徴づけが私たちに何を教えるのかは明らかではない。もしそのような遺伝子が一つ存在するなら、他にもそのような遺伝子があるに違いないが、そうは言っても、もし変異が劣性あるいは不完全な浸透度のものであるなら、それを見つけるのは難しいだろう。特定の言語障害はこの一家族に限ったことではないことがすでにわかっている。ほかの点では、疫学についての優れた論文（準備中）の中で、トムブリン（Tomblin）は、特定の言語障害というものは単独の実体であるという誤解を招きそうな仮説を立てている。ここで「精神的欠陥」という言葉は、種々の遺伝的に明確な状態にふたをするために使われているのだという、ペンローズの認識（Penrose 1949）がいかに重要であったかを思い起こす価値がある。おそらく次の一〇年には、言語能力にそれぞれ異なる影響を及ぼす、いくつもの異なる遺伝子座が見出されるであろうと予測できる。

もし、そうだとしたら、それが言語能力の本質について私たちに何を教えるのだろうか。おそらく、それほど楽観視すべきではないだろう。五〇年以上にわたって、遺伝学者たちは、発生に特定の影響を与える遺伝子について研究することが、発生にいかに働くかということを理解する最善の道筋であると信じてきた。しかしながら、ごく最近にいたるまで、その意見を正当化するものは、どちらかといえばほとんどなかったのである。いまやショウジョウバエや線虫、シロイヌナズナ、ネズミの研究は、少なくともなにかしらある有益な成果を生み出すもののように思える。そうはいうものの、文法の遺伝学的な解剖は、さらに難しいようである。その理由の一つは、私たちがいったい何を説明しようとしているかを明確にわかっていないためであり、また一つには実験がショウジョウバエではできるが、子どもたちではできないからである。しかし、このように慎重となるべき理由はあるけれども、長い間の相互不信の後にきた、言語学者と遺伝学者の間の共同研究の見通しは、大変胸躍ることである。

引用文献

Bickerton, D.（1990）. *Language and Species.* Chicago: University of Chicago Press.

Gopnik, M. (1990). Feature-blind grammar and dysphasia. *Nature* **344**, 715.

Gopnik, M. & Crago, M. B. (1991). Familial aggregation of a developmental language disorder. *Cognition* **39**: 1-50.

Osawa, S., Jukes, T. H., Watanabe, K. & Muto, A. (1992). Recent evidence for evolution of the genetic code. *Microbiological Reviews* **56**, 229-264.

Penrose, L. S. (1949). *The Biology of Mental Defect*. London: Sidgwick & Jackson.

Pinker, S. & Bloom, P. (1990). Natural language and natural selection. *The Brain and Behavioural Sciences* **13**, 707-784.

Szathmáry, E. (1993). Coding coenzyme handles: a hypothesis for the origin of the genetic code. *Proceedings of the National Academy of Sciences USA* **90**, 9916-9920.

Tomblin, J. B. (in preparation). Epidemiology of specific language impairment. In *Biological Aspects of Language*, ed. M. Gopnik. Oxford: Oxford University Press.

Zaug, A. J. & Cech, T. R. (1986). The intervening sequence of tRNA of Tetrahymena is an enzyme. *Science* **231**, 470-475.

第七章　タンパク質なしのＲＮＡあるいはＲＮＡなしのタンパク質？

クリスチャン・ド・デューブ
国際細胞分子病理学研究所、ブリュッセル・ロックフェラー大学、ニューヨーク

この小論のタイトルで提起された問いに対する答えは、「タンパク質」が何を意味するかに依存する。もしもこの用語を、ｔＲＮＡに結合した二〇個のＬ型のアミノ酸の一組から、リボソーム上で、あるｍＲＮＡの配列に従って、会合してできたポリペプチド、という意味に限定するならば、私たちは不安なく、生命の発生においてＲＮＡがタンパク質に先行していたと仮定できるだろう。というのも、タンパク質合成機構の主要な構成要素のすべてはＲＮＡ分子だからである。これは、現在広く受け入れられている「ＲＮＡ世界」というモデルで表される見解である（Crick 1968; Gilbert 1986）。一方、タンパク質の定義を拡張して、あらゆる種類のポリペプチドを含めるならば、タンパク質がＲＮＡに先行するという可能性が大いにある。というのは、アミノ酸は、生命誕生以前の地球において、最も豊富にあった生物の構築材料であり（Miller 1992）、水溶液中では直ちに説明できないけれども、それらの自発的な高分子化は、少なくともＲＮＡ分子の自発的な会合よりは予想しやすいものである。まず最初にタンパク質の厳密な意味を考えることにしよう。その

ような分子は、いかにして存在することになったのだろうか。

最も合理的な仮定（Orgel 1989; de Duve 1991; 1995）に従うならば、アミノ酸とRNA分子の一次相互作用は原始的であり、まだ情報をもたないペプチド合成機構の段階的な集合体を導く。引き続いて起こったその系の進化の中で、翻訳と遺伝子コードが徐々に発達していった。この長い進化の過程は、最初は、系に含まれるRNA分子の、増強された複製能力あるいは安定性によって駆動されたに違いない。後に翻訳の忠実度が改良されるにつれて、合成されたペプチドのもつ有益な特性が、次第に重要性を増していった。最終的に、ペプチドの特性が進化の過程を支配したのである。このような性質のうちでは、疑いなく触媒活性が主要な役割を果たしたのである。この過程において、ポリペプチド酵素がまず現れ、それが何らかの化学反応を触媒できる能力に基づいて選択されたというのがもっともらしい。そのような選択機構は興味深い意味を含んでいる。

突然変異によって、AからBへの変換を触媒する酵素が生じたと仮定しよう。もしも基質Aが与えられていなかったなら、そのような酵素が役に立たないのは明らかである。また、もしも産物Bのはけ口がなかったなら、同じくほとんど役に立たない。こうした推論を、突然変異の結果として現れ、そして自然選択によって保持されてきた新しい酵素のそれぞれに拡張していくと、これら酵素の基質と産物の多くは、RNA世界にあらかじめ存在していたに違いないという結論に達する。私はこのことに、以下の主張を支持する強い論拠があることを認める（de Duve 1993; 1995）。すなわち、原始代謝——RNA世界を生成し維持する化学反応の集合——、そして代謝——今日の生命を維持する酵素に触媒される反応の集合——とは、大部分が一致していなければならない。つまり、ほとんど類似の経路をたどらなくてはならないという主張である。

この結論は、いかにしてＲＮＡが最初に発生したかという、主要な問いと関係している。相当な努力が払われたにもかかわらず、この問いに対するもっともらしい答えは見つかっていない(Joyce 1991)。何らかのまぐれ当たりの事象、あるいはランダムなゆらぎが、どういうわけか複製によって永続するようになったというような可能性は考えられない。私たちは、化学反応の強固な集合を取り扱っており、それはすなわち原始代謝の核心であり、それが酵素で触媒される代謝を常に発展させようとしているがゆえに、ＲＮＡ世界の土台となっている。一致の論法に従えば、生命誕生以前における、この中心的物質の形成過程を理解するために、ＲＮＡの生合成経路をもっと厳密に調べなくてはならないということが示唆される。この見解は、生物発生以前の機構が代謝の機構とは大きく異なるものであったに違いないという、一般に受け入れられている説と対立する。しかしながら私は、一致の論法は論駁の余地はないと信じている。

生化学とは無関係の生物発生以前の化学という概念は、生物発生以前の地球では提供されえなかったタンパク質である酵素の触媒活性に、代謝が依存しているという考察に根拠をおいている。それゆえ、反応が、酵素なしで、あるいは無機触媒だけで進みうるかどうかを確認する必要がある。しかしながら、この点は、それがどんなものにせよ、生物発生以前の化学において、それ自身の触媒作用を生み出そうとするのに必要とされる段階についてのみあてはまることなのである。リボザイムが最初の生物学的触媒であったと仮定すべき理由はどこにもない。ペプチド触媒の方が先に発生したという可能性は大いに想像できることであり、実際、化学的な実現可能性という点から見れば、さらにもっともらしいことである。そのうえ、一致の原理から要求されるように、ペプチド触媒は、現在の酵素触媒に類似した活性をもつということは、大いにありそうなことだと思われるのである。

リボザイムとは異なり、ペプチド触媒は複製されえなかったのである――少なくとも、もしクリックの提唱した「セントラルドグマ」が四〇億年前にすでに有効であり、それゆえ突然変異を経て選択されるのを免れることができたのであればである。しかし、このことは、他のどんなリボザイム以前の触媒に対しても当てはまることであり――複製可能な無機触媒を含めることを容認しないならば（Cairns-Smith 1982）――、原始代謝におけるペプチド触媒の関与に対する異議として持ち出すことは極めて難しい。ただ要求されるのは、必要となるすべての触媒を含むペプチドの、安定でかつ複製可能な供給だったのである。安定性と複製可能性という条件は、安定な一連の環境条件によって満たされえたのであった。触媒の充足という条件に関しては、比較的単純なペプチドにも、すでに触媒活性が授けられていると信じるに足る理由がある。タンパク質のモジュール構造についてわかっていること、そしてまた、最初の遺伝子の大きさとそれらの生産物について推測されていることによってこの仮説は支持されている。アイゲンによれば、情報の不可逆的な損失を伴わずに複製がなされるためには、最初のRNA遺伝子の大きさは七〇～一〇〇個分のヌクレオチドの長さ以上のものではありえず（Eigen et al. 1981）、このことは、その中におそらく最初の酵素が存在した最初の転写産物も、たかだか二〇から三〇のアミノ酸残基の長さのものであったことを意味する。

生物発生以前のペプチド形成に関して、すべての生物発生以前の縮合反応に共通する問題が提起されている。この問題に対する二つの解答が、原理的には存在する。一つはフォックスの「プロテノイド」の熱合成実験のように、水なしで起きた縮合である（Fox & Harada 1958）。もう一つは、そのかわりに、何らかの縮合剤または活性化剤が利用できた場合である。考えられる包含物として、ピロリン酸またはいくつかのポリリン酸がよく引き合いに出される。私の好みからいうとチオエステルである（de Duve 1991）。チオエステル結合は、エネルギー代謝において中心的で、そしておそらく昔ながらの役割を果たしている。さらに多くのバクテリアがつくるペプチドは、実際、現存するアミノ酸のチオエステルから合成される（Kleinkauf & von Dohren 1987）。この反応は非常に単純な条件の下で、触媒なしに再現することができる（Wieland 1988）。

そこに含まれる機構が何であれ、前RNA世界におけるペプチド触媒の一致や介在という事例が、確実な理論的基盤をもっていることを確信している。そのことは、実験室でも、ランダムに合成されたペプチドの混合物を用いてテストすることができるだろう。原始的な酵素様の触媒を、そのような混合物の中で検出できるに違いない。

引用文献

Cairns-Smith, A. G.（1982）. *Genetic Takeover and the Mineral Origins of Life*. Cambridge: Cambridge University Press.

Crick, F. H. C. (1968). The origin of the genetic code. *Journal of Molecular Biology* **38**, 367-379.
de Duve, C. (1991). *Blueprint for a Cell*. Burlington, NC: Neil Patterson Publishers, Carolina Biological Supply Company.
de Duve, C. (1993). The RNA world: before and after? *Gene* **135**, 29-31.
de Duve, C. (1995). *Vital Dust : Life as a Cosmic Imperative*. New York: Basic Books.
Eigen, M., Gardiner, W., Schuster, P. & Winkler-Oswatitsch, R. (1981). The origin of genetic information. *Scientific American* **244**, 88-118.
Fox, S. W. & Harada, K. (1958). Thermal copolymerisation of amino acids in a product resembling protein. *Science* **128**, 1214.
Gilbert, W. (1986). The RNA world. *Nature* **319**, 618.
Joyce, G. F. (1991). The rise and fall of the RNA world. *New Biologist* **3**, 399-407.
Kleinkauf, H. & von Döhren, H. (1987). Biosynthesis of peptide antibiotics. *Annual Reviews of Microbiology* **41**, 259-289.
Miller, S. L. (1992). The prebiotic synthesis of organic compounds as a step toward the origin of life. In *Major Events in the History of Life*, ed. J. W. Schopf, pp. 1-28. Boston, MA: Jones and Bartlett.
Orgel, L. E. (1989). The origin of polynucleotide-directed protein synthesis. *Journal of Molecular Evolution* **29**, 465-474.
Wieland, T. (1988). Sulfur in biomimetic peptide synthesis. In *The Roots of Modem Biochemistry*, eds. H. Kleinkauf, H. von Döhren & L. Jaenicke, pp. 213-221. Berlin: Walter de Gruyter.

第八章 『生命とは何か』——シュレーディンガーは果たして正しかったか

スチュアート・A・カウフマン
サンタフェ研究所、ニューメキシコ州

ダブリンに、五〇年前、今世紀の科学における巨人がやって来て、講演をし、彼自身の専門ではない科学の未来を予言した。その結果生まれた著作『生命とは何か』は、それまでになかったほど、最も才気ある人々を生物学の研究へと駆り立て、そしてこれが分子生物学の誕生につながったのだと言われている。シュレーディンガーの「小冊子」それ自身は、その名声が保証するとおりすばらしい。しかし、半世紀を経た今、それを賛えるこの機会において、あえて新しい疑問を提出しよう。それは、この本の中心命題はいったい正しいのかということである。おそらく彼はまちがっていた、あるいは少なくとも不完全だったと主張するのは、シュレーディンガーのような至高の精神の持主や、彼によって本当に奮い立たされた人々をおとしめるためではない。むしろ彼の考えに駆り立てられたすべての科学者と同じく、私もまた探究を続けようとしているのである。

私は、なすべき問題提起そのものにさえ躊躇してしまう。なぜなら、ダーウィンやワイスマン以来、そしてまた生殖質説の発達以来、シュレーディンガーの解答が、遺伝性変異の必要で安定な記録形態としての遺伝子とともに、生命に対する私たちのものの見方の中にいかに深く埋め込まれているかを、私も承知しているからである。その解答とは「秩序からの秩序」である。シュレーディンガーが、それぞれ、巨大な非周期性固体、微視的コードと言い表したものは、今日、DNAと遺伝子コードになっている。ほとんどの生物学者たちは、その自己複製する分子構造と微視的コードが、生命の基本であると確信している。

しかし私は、これに完全には納得していないことを告白しなければならない。これらの議論は、その核心において、生物学における秩序の拠り所が、シュレーディンガーの主たる説である分子の安定な結合構造や、そのような分子からなる系の集団運動にどの程度依存しているかという点にのみ集中しているからである。シュレーディンガーは的確に、量子力学の果たす役割、すなわち分子の安定性と微視的コードに着目した個体発生の可能性を強調した。しかし私は、これに反して、自己複製の究極の拠り所や、遺伝性変異、発生、進化に必要とされる安定性というものが、一方で分子が安定であることを要求しながら、他方では、複雑な非平衡化学反応系の集団運動において突如出現する秩序というものをも必要とするのではないかと考えている。そのような複雑な反応系は、自発的にある閾値を超えること、つまり相転移を起こすことができ、それを超えると系が集団的に自己複製し、進化し、精緻な秩序をもった動的ふるまいをすることができるようになると、私は提言したい。生命の出現や進化に必要とされる秩序の究極の拠り所は、平衡からかけ離れた反応系における集団的で突発的なふるまいという、新たな原理にあるのではないだろうか。

そこからの帰結を手短に示しておこう。シュレーディンガーの洞察は現在ある生命に関しては正しかったとしても、より深い意味において、彼は不完全であったのではないかと思う。微視的コードを保持する巨大な非周期性固体の形成、つまり秩序からの秩序というものは、生命の発生や進化には必要でも十分でもなかったのではないだろうか。これに対して、ある種の安定な集団的ダイナミクスこそ、生命に必要かつ十分であるのではないだろうか。私がこれらの問題を提起するのは討論のためであって、確固とした結論として掲げるのではないことを強調しておこう。

シュレーディンガーの議論

シュレーディンガーは、彼の議論を、当時あるいはそれ以前のおおかたの物理学者が支持していたような、巨視的秩序という見方を強調することから始めている。そのような秩序は、彼が言うところでは、ばく大な数の原子や分子のアンサンブルにわたる平均の中に形成される。そして統計力学は、このような解析に対する最も適切な知的基盤である。ある体積に閉じ込められた気体の圧力とは、壁に衝突したり、壁からはねかえってきたりする非常に多くの分子のふるまいの平均にほかならない。秩序あるふるまいとは、平均としてのものであり、個々の分子のふるまいによるのではない。

しかし、生体の秩序や、特にめったに起こらない突然変異や遺伝性変異を説明するものは何なのだろう。シュレーディンガーは、そこで、当時のデータを用いて、遺伝子に含まれるであろう原子の数を推定し、それが数千を超えることはないと正しく見積もった。統計的な平均化による秩序は、ここでは何の助けにもならないと彼は論じている。なぜなら、確実なふるまいをするのには原子数が少なすぎるからである。統計的な系の中では、予想されるゆらぎの大きさは事象の起きる回数の平方根の逆数に従って変化する。いま公正なコイン投げを一〇回行ったとき、八〇%が表になっても驚かないが、一万回投げて八〇%が表ならば驚くべきことである。百万回投げたときの、統計的ゆらぎは一千分の一のオーダーであるが、それでも生体に見られる秩序にとっては信頼性に欠ける値であるということをシュレーディンガーは指摘している。

量子力学ならば生命の救済者になる、とシュレーディンガーは論じた。量子力学は固体が厳密に秩序だった分子構造をもつことを保証する。結晶は最も単純な例である。しかし、結晶は構造的に単調そのものである。原子は規則正しい三次元格子状に配置されている。もし最小の単位胞の中の原子の位置を知れば、結晶全体のすべての他の原子の位置がわかってしまう。もちろん通常、結晶中には複雑な欠陥があるのでそんなことはできないことだが、要点は明らかであろう。結晶というものは非常に規則正しい構造をしているので、結晶の相異なる部分もある意味でまったく同じことを「唱えている」のである。こう述べて直ちに、シュレーディンガーは「唱える」という概念を「コード化する」と翻訳したのである。その飛躍に従えば、規則正しい結晶は多くの情報をコード化しえないのである。すべての情報は単位胞に含まれている。

もし固体が必要な秩序をもつのなら、とはいえ周期的な結晶では規則的すぎるので、それならばと、シュレーディンガーは非周期性固体というものに賭けてみた。遺伝子の構成要素は非周期性固体の一つの形態であるというのが彼の賭けである。非周期性の形態は何らかの微視的コードを含み、それが何らかのやり方で生体の発生を制御するだろう。非周期性固体の量子的性質は、小さな不連続な変化、つまり突然変異が生じうることを意味するであろう。そのような小さな不連続な変化に対して働く自然選択は、ダーウィンが望んだように、私たちにとって好ましい突然変異を選択するだろう。

シュレーディンガーは正しかった。彼の本は立派な名声に値する。五〇年を経た今、私たちはDNAの構造を知っている。たしかに、DNAからRNAに、そしてタンパクの一次構造へといたるコードが存在する。このことは、分野の壁を越えて生物学を凝視した物理学者にとってはもちろんのこと、どんな科学者にとっても輝かしい成功であった。

しかし、シュレーディンガーの洞察は、必要あるいは十分のいずれかであったのであろうか。DNAという非周期性固体に組み込まれた秩序は、生命の進化、あるいは現に生命に見られる動的秩序にとって、必要あるいは十分のいずれかであったであろうか。そのどちらでもないと私は思う。秩序の究極の拠り所は、量子力学から導かれる安定な化学結合という離散的秩序を必要とするかもしれないが、しかしそれはどこか他の場所にある。秩序と自己複製の究極の拠り所は、おそらく複雑な化学反応系における集団的秩序をもった動力学の出現にあるのである。

本章の主要部は、二つの節から成り立っている。第一節では、手短に、生命の起源が、DNAやRNAの鋳型を用いて複製するという特性によるのではなく、開いた熱力学系の中で起きる集団的自己触媒機能をもつ分子集合への相転移に基づくという可能性について検討する。第二節では、要素間の複雑な並列処理を行うネットワークに生ずる集団的な動的秩序の創発について考察する。その要素というのは、その活性が互いに制御される遺伝子か、あるいは自己触媒集合における高分子触媒であるかもしれない。そのようなネットワークは熱力学的に開いており、それが示す動的秩序の中核的な拠り所は、系の相空間において、運動のトラジェクトリが小さなアトラクタに収束していく過程にある。

私は、開いた熱力学系における小さなアトラクタへの収束が生き物における秩序の最大の拠り所であると主張したいので、シュレーディンガーの統計的法則の議論の背景にあるものを列挙して、この序論の結びとしたい。

中心となる点は単純である。閉じた熱力学系では、妥当な相空間においては、収束が決して起こらないということである。それから帰結する統計的法則の特徴は、収束点がないということを反映したものとなる。しかし、ある種の開いた熱力学系においては、その相空間における系の運動の流れの確たる収束点がありうる。この収束は、常に生ずる熱的ゆらぎを相殺するのに十分な速さで、秩序を生み出すことができる。

熱平衡にある閉じた系と、平衡からずれた開放系との決定的な差異は、この点なのである。つまり、閉じた系ではいかなる情報も捨て去られることがない。そしてその系のふるまいは結局可逆である。それゆえ相体積は保存される。開放系では、情報は環境に捨てられ、注目している部分系の挙動は可逆ではない。こういうわけで、その部分系の相体積が減少することが可能となる。私は決して物理学者ではないが、この論点を簡明に、そして願わくは正しく展開してみよう。

箱に閉じ込められて、物質やエネルギーの出入りを閉ざされた気体を考えよう。気体分子のあらゆる可能な微視的配置は、他のいかなる配置とも同等である。分子の運動は、ニュートンの法則に支配されている。それゆえ、その運動は微視的に見て可逆であり、系の全エネルギーは保存する。分子同士が衝突するときには、エネルギーが交換されるが、失われることはない。「エルゴード仮説」、それはちょっと有効な教義の飛躍というようなものであるが、この仮説は、分子衝突が起きるにつれ、系全体はすべての可能な微視的状態を時間的に等しい割合でとると断言するのである。したがって、系がどんな巨視的状態にある確率も、その巨視的状態に対応する微視的状態数の分率に正確に等しい。

リュービルの定理は、平衡な系の流れの下では、相空間中の体積が保存することを述べている。N個の気体分子からなる系に対して、それぞれの分子が三次元空間中でとる位置と運動量は、六個の数で表される。それゆえ$6N$次元の位相空間において、気体全体の今ある状態は一つの点として表される。そこで、箱の中の気体がとる、ほぼ同様の初期状態の集合を考えよう。この集合に対応する点は、相空間内のいくらかの体積を占めるであろう。リュービルの定理が断言するところでは、気体の入った箱の複製のそれぞれの中で気体分子の衝突が起きるにつれ、それに対応する集合の相空間内の体積は移動し、変形して、相空間全体ににじんでいってしまう。しかし、それにもかかわらず、相空間内での総体積は一定に保たれる。相空間内の流れが収束するということは、決してない。そして、相体積が一定であるがゆえに、エルゴード仮説に従えば、巨視的状態の確率は、まさにそれぞれの巨視的状態に含まれる微視的状態の数の比率に比例し、すなわちそれは微視的状態の総数で規格化した値である。

そこで、仮に今、相空間内での系の流れが、初期体積が徐々に縮小して一点になる、あるいは小さな体積となることを許すと考えてみよう。そうすると、系の自発的なふるまいは、ある唯一の配置、あるいはある少数の配置に流れつくだろう。すなわち、秩序が生ずるのである。当然、このような収束は、閉じた平衡熱力学系では生じえない。もしそのようなことがあれば、全系のエントロピーは増えるどころか減ってしまうのである。

しかし、このような秩序は生じうる。明らかにこのような類の秩序の発生は、系が熱力学的に物質とエネルギーの交換に対して開かれた系であることを必要条件として要求する。この交換が、注目する部分系から環境へと情報が失われることを許すのである。物理学者だったらこれを「自由度」――それは分子が、動いたり相互作用したりする多様な行程を指すのだが――が環境という熱浴の中に逃げていくというように言うのであろう。

こういうわけで、私たちが探し求めていた動的秩序は、非平衡熱力学系においてのみ生じうるものである。そのような系は、プリゴジンによって散逸構造と名づけられた。渦巻き、ジャボチンスキー反応やベナールセルなど、いくつかの実例が今やよく知られている。しかしながら、熱力学的平衡からのずれそれ自身は、高い秩序をもつ運動が生ずるための必要条件にすぎず、十分条件ではないことを強調することは重要である。その羽によって天候に混沌をもたらすという伝説のリオデジャネイロのチョウが、複雑で非平衡な化学反応系の中にいろいろな姿をとって再来し、生命の発生や進化を妨げる混沌をもたらすことも可能である。本章の第三節では、再び、非平衡開放系における集団的に秩序だった動的ふるまいの発生に立ちもどる。

相転移という生命の起源

シュレーディンガーが熟考した大きな非周期性固体が何なのか、今やよくわかっている。DNAの二重らせんの相補的な鋳型構造はそれが複製するやり方を示唆するということを、ワトソンとクリックが、なにやら遠慮がちに主張して以来、自己複製する分子系の出現に必要なものとしての鋳型のもつ相補性のいくつかの様式に、ほとんどの生物学者たちはくぎづけになってしまった。今、人気を争っているのは、RNA分子、またはそれに似た高分子である。私たちの期待するところは、そのような高分子が、いかなる外部触媒もなしに、自己複製の鋳型として働くのではないかということである。

これまでのところ、酵素なしでRNA配列の複製を得ようとする試みは、限られた範囲でしかうまくいっていない。レスリー・オーゲルは、トリニティカレッジやダブリン会議で講演したこともある優秀な有機化学者であるが、そのような酵素なしでの分子複製を精力的に研究してきた(Orgel 1987)。したがって、彼なら私より上手に、その困難を総括できるだろう。しかし、要するに問題山積なのである。ヌクレオチドを非生物的に合成するのは難しい。合成ヌクレオチドは、複製に必要な3′-5′結合よりも、2′-5′結合の方を好む。私たちは、四つの正規のRNA塩基の任意の配列を見つけて、それを水素結合対生成によって四つの相補的塩基を配列させる鋳型として使いたいのである。その配列したヌクレオチドが、適切な3′-5′結合をつくって、最初の鋳型から溶け出し、そうしてその系の循環が再び指数関数的な数の複製をつくるというような具合にである。しかし、今までのところうまくいっていない。その困難さは化学的な理由で生じている。例えば、GよりもCの多い一本鎖は、望みどおりの第二の鎖をつくる。しかし、第二の鎖は逆にCよりもGが多くなって、G－G結合をつくる傾向にあり、それが新しい鋳型としての機能があらかじめ排除されるような方法で分子を折り畳んでしまうからである。

リボザイムの発見と、RNA世界を仮定すれば、RNA分子が自分自身もまた他のどんなRNA分子も複製できるポリメラーゼとして働くのではないかという、新しい魅力的な期待が生じる。ハーバード医科大学のジャック・ソスタック（Jack Szostak）は、そのようなポリメラーゼを生合成系に持ち込もうと試みている。もしも彼が成功したら、まさに離れわざである。しかし私には、そのような分子が生命の発生に対する答えを握っているとは思えない。それは偶然に最初の「生きた分子」としてつくられるにしてはまれな構造であると思われる。そして、たとえそのような分子がつくられたとしても、私は、それが進化しうるとは思っていない。そうしてできた分子は、他の酵素と同様に、自分を複製する際に誤りを生じ、変種の複製をつくってしまうだろう。それらは「野生」のリボザイム・ポリメラーゼと複製の競争をして、それら自身もさらにまちがいやすくなっていくだろう。こうしてできたRNAポリメラーゼのミュータントは、さらに悪いミュータントRNAポリメラーゼ配列を生み出すだろう。オネゲルがコーディングと翻訳とに関連して、発散する「エラーの破綻」という言い方で指摘したような事態が生ずるだろう。私は、そうしたエラーの破綻が本当に起きるのかどうかは知らないが、そうした問題は解析する価値があると信じている。

DNAの二重らせんや、類似のRNAらせんの対称美について熟考すると、それに対応する仮説も単純で美しいことを承認させられてしまうであろう。たしかに、そのような構造が最初の生きた分子であっただろう。しかし、これは本当に真実だろうか。あるいは、生命の根本はさらに深いところにあるのだろうか。私は次に、このような可能性を探求してみる。

最も単純な自立した生き物はマイコプラズマである。細菌由来の形のマイコプラズマは、六〇〇個ぐらいの遺伝子をもち、標準的な仕組みでタンパク質をコード化している。マイコプラズマは、細胞膜をもつが細胞壁はもたない。彼らは非常に栄養豊富な環境、例えば羊や人間の肺の中に住んでおり、そこではかなり多様な外因性低分子に対する要求が満たされている。

なぜ最も単純な自立した生き物が、六〇〇種類もの高分子と、おそらく一千個もの低分子の代謝というようなものを内包するようになったのだろうか。そして、いったいどうやって、マイコプラズマは再生するのだろうか。まず二番目の疑問から始めよう。それは答えが単純で核心的だからである。マイコプラズマの細胞は、一種の集団的自己触媒作用によって自己を再生する。マイコプラズマ内のいかなる分子種も、実際、それ自身を複製しはしない。私たちはこのことを知ってはいるが、無視しがちである。マイコプラズマのDNAが複製されるのは、細胞内酵素という宿主の調和ある活動のおかげなのである。その一方で、後者は標準的メッセンジャーRNA過程を経て合成される。だれもが知っているように、コードはRNAからタンパク質へと、ただコード化されたタンパク質の助けのみを借りて翻訳される――すなわち、それは、後でリボザイムによって集められてタンパク質になるように、正しくそれぞれの転移RNAにアミノ酸を結合させるシンセターゼである。細胞膜は、代謝の中間体から触媒作用でつくられた分子をもっている。私たちは皆、その筋道をよく知っている。マイコプラズマ内のいかなる分子も、それ自身を複製しはしないのである。系は全体として集団的自己触媒作用をもつので、各々の分子種は系のいくつかの分子種によって触媒される生成過程をもつ。あるいはそうでなければ、外因的に「食物」として供給されるのである。

もしもマイコプラズマが自己触媒作用をする系であるならば、すべての生細胞も同様である。どの細胞の中でも、分子は自分自身を複製しない。それでは次に、なぜ自立した生細胞にみる最小の複雑さが、六〇〇個のタンパク高分子と、およそ一千個の低分子の程度のものなのかを問うてみよう。私たちはいかなる答えも持ち合わせていない。それでは一本鎖RNAが鋳型として働き、他の酵素なしに複製できるという仮定の下で、なぜ最小の複雑さが存在するのかを問うてみよう。しかし、この仮定の下では、あらゆる細胞になぜ最小の複雑さが見られるのかという問いに対して、どんな深遠な解答も存在しえない。ただ「裸の」自己複製遺伝子の単純さのみが、そのよく知られた仮定を私たちに委ねるのである。答えることができるのは、三四億五千万年を経て、最も単純な自立生細胞が、たまたまマイコプラズマの複雑さをもつにいたったということのみである。私たちはいかなる深遠な説明ももっておらず、ただもう一つ進化論的な「まことしやかな話」をもつのみである。

私はここで、手短に、この八年間に単独で、または共同で行ってきた研究の内容を紹介しよう（Kauffman 1971, 1986, 1993; Farmer et al. 1986; Bagley 1991; Bagley et al. 1992）。同様な考え方は、独立にロスレン（Rosslen 1971）とコーエン（Cohen 1988）によっても提唱されている。中心にある概念は、十分複雑な化学反応系では、分子種の多様性が臨界点を超えるということである。つまり、その多様性を超えると、集団的自己触媒作用をする部分系が存在する確率が一・〇となるのである。

中心にある考えは単純である。いまモノマー、ダイマー、トリマー、その先をいろいろ含む高分子の空間を考えよう。具体的に言えば、高分子とはRNA鎖、ペプチド、または、他のいろいろな高分子化合物である。あとで高分子という制約は外して、有機分子系を考察する。

考えている高分子の最大の長さをMとしよう。そしてMを増加させてみる。そして、モノマーから長さMの高分子にいたるまで、系が含む高分子の数を考えてみる。そうすれば、その系の高分子の数がMの指数関数になることが容易にわかる。つまり、二〇種類のアミノ酸に対して、長さがたかだかMの高分子の多様さの総数は、20^Mより少し大きい数となる。RNA鎖に対しては、多様さの総数は4^Mより少しばかり大きい。

それでは、そのたかだかMの長さの高分子の集合の中で起こる、すべての切断と結合の反応を考察してみよう。明らかに、ペプチドやRNA鎖のような長さMの配向高分子は、$(M-1)$通りの位置でより小さい断片へと切断できるからである。それゆえ、たかだか長さMの高分子からなる系には、指数関数的に多くの高分子が存在するが、それにも増してそれらの高分子が互いに転換される多くの切断や結合反応が存在するのである。実際、Mが増えるにつれ、分子一個あたりの切断や連結の反応の割合は、Mに比例して増加する。

高分子の集合の中での反応グラフを定義する。一般に、一基質一生成物反応、一基質二生成物反応、二基質一生成物反応、二基質二生成物反応を考えればよいだろう。ペプチド転移反応やエステル転移反応は、ペプチドあるいはRNA鎖が行いうる二基質二生成物反応の中に入る。反応グラフは基質と生成物の集合からなり、それらは三次元空間にばらまかれた点として、あるいは節として表される。さらに、それぞれの反応は「反応ボックス」という、小さい丸で表すことができる。一つまたはいくつかの基質から出ている矢は、このボックスに入る。ボックスから出る矢は、一つまたはいくつかの生成物に向く。すべての反応は実際少なくとも弱く可逆であるので、矢の方向は、反応が起こる二つの方向のうち、どの分子の集合が基質となり、どちら側が生成物にあたるかを示すのに役立つに過ぎない。反応グラフとは、このような節とボックスと矢の集まり全体である。それは系の中の分子間のあらゆる可能な反応を表している。

この化学における組合せ論に関してこれまで述べたことが意味するのは、系を含む高分子の多様さが増加すると、分子に対する反応の割合が増加するということである。これは節の数に対する矢やボックスの数の割合が増大することを意味する。反応グラフは、系内の分子の多様性が増すにつれ、どんどん密になって、ますます反応の可能性をもつ相互連結を増やしていく。

そのような反応系では、常にまちがいなく、いくつかの反応がある速度で自発的に生ずる。読者には、しばらくの間、そのような自発的反応のことは無視してくれるようお願いして、次の疑問に焦点を絞りたい。すなわち、いかなる条件下で、集団的自己触媒作用をする分子の集合が出現するのかである。私のねらいは、系に関する種々の仮定の下に、臨界密度において自己触媒集合が出現するということを示すことである。

私はまず、よく知られた、ランダムグラフにおける相転移に注目することから始めよう。今、一万個のボタンを床にばらまいて、ボタンのペアをランダムに赤い糸でつなげてゆこう。そのようなボタンと糸の集合が、ランダムグラフである。もう少し正式に言うなら、ランダムグラフとは、稜の集合によって、ランダムにつながれた、結節点の集合である。時折、立ち止まってボタンを一つつまみ上げ、そのとき、いくつのボタンが一緒につられて持ち上がるかを数えてみる。そのような、接続されたボタンの集合は、ランダムグラフの要素と呼ばれる。エルドスとレニは、何十年か前に(Erdos & Renyi 1960)、そのような系が、稜と結節点の数の比が〇・五という値を通過するときに相転移を起こすことを示した。比がそれより小さいとき、つまり稜の数が仮に結節点の数の一〇%としてみると、どの結節点も、直接あるいは間接に、少数の他の結節点とつながっているだけである。しかし、稜と結節点の比が〇・五になるとき、突然ほとんどの結節点が、一つの巨大なランダムグラフの要素につながってしまうのである。実際、もし結節点の数が無限大であるとすると、稜と結節点の数の比が〇・五という値を通り過ぎるときに、最大の要素の大きさが、非常に小さい値から無限大へと不連続的にはね上がるだろう。すなわちこの系は、一次相転移を起こすのである。この出来事の要点は単純である。十分な数の結節点が、たとえランダムにせよ接続されたとき、巨大な相互連結した要素は文字どおり結晶化するのである。

私たちは、この考え方を、反応グラフに適用しさえすればよいのである。先を見越して、触媒反応に注目しよう。どの高分子がどの反応に触媒作用を及ぼすかについての理論が必要となるだろう。そのような理論がいろいろと与えられれば、私たちは単純な結論を見出すことになるだろう。すなわち、系の含む分子の多様さが増大するとともに、反応過程の数と分子種の数の比が増大するということである。つまり、どの分子がどの反応の触媒をするかというどんなモデルをもってこようとも、ある多様さにおいて、どの高分子もほとんど、少なくとも一つの反応を触媒するようになる。そのような臨界密度において、系に含まれる連結した触媒反応のある巨視的な要素が結晶化するだろう。もし、触媒として働く高分子それ自身が触媒反応の生成物なら、その系は集団的自己触媒作用をすることになる。

しかし、この一歩を進むのは単純である。ちょっと単純すぎるかもしれないが、どの高分子がどの反応の触媒をするかという簡単なモデルを考察してみよう。私がさらに行おうとする理想化のための条件はここでは少しゆるめておく。いかなる高分子も、ランダムに選んだ反応を触媒することのできる一定の確率、例えば一〇億分の一をもつと仮定しよう。そうして、私たちの反応グラフを、系の分子の多様さが、それぞれの分子に対して一〇億もの反応が存在するようになったとき、という一点で考察しよう。また、問題とする分子を、それら自身が高分子間の反応を触媒するような高分子であるとしよう。しかしそこでは、高分子一つあたり反応一つが触媒されるものとする。ある巨大な要素がこの系で結晶化するであろう。そして、ちょっと考えてみれば、この系が集団的に自己触媒作用をする部分系をほぼ確実に含んでいることは明らかである。すなわち、多様性が臨界値に達すると、自己複製が起こるのである。それは化学反応グラフの相転移によるのである。

図2は、そのような集団的自己触媒集合を示す。強調すべき主な点は、そのような系がほとんど必然的に現れるという性質、そして、一種の強固な全体論といった様相である。多様性がより少な

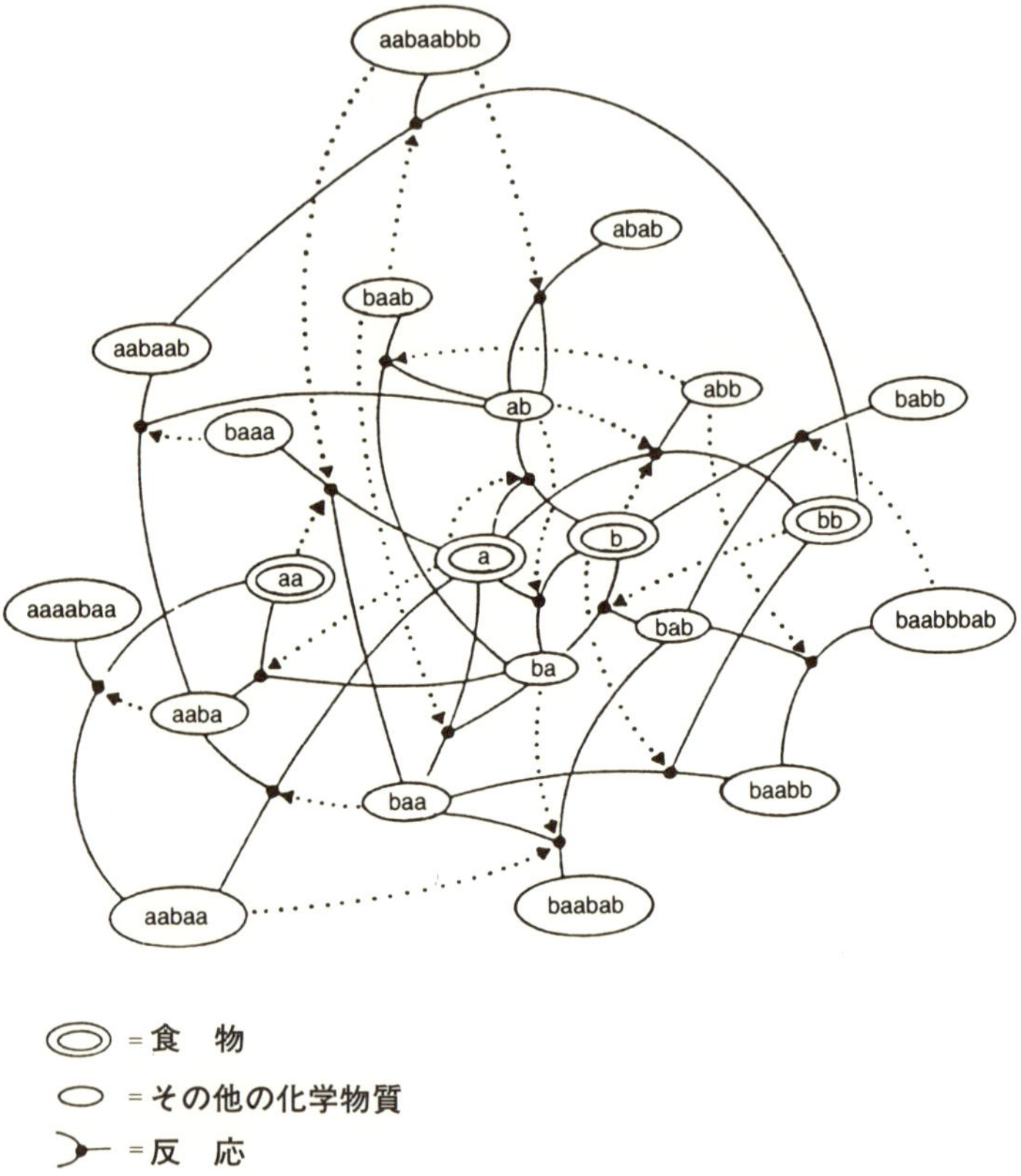

図 2　小さな自己触媒集合の典型的な例。反応は点で表され，それが開裂産物とそれに対応するより大きな連結した高分子とを結んでいる。触媒作用を表す点線は，触媒から出て触媒される反応を指している。AとBの単量体と二量体は，系を維持する食物集合をなす（二重の楕円）。

い場合には、反応グラフは系内の分子に触媒される反応を少数もつのみである。そこでは、いかなる自己触媒作用のある集合も存在しない。多様性が増大するとともに、より多くの反応が系内の分子に触媒される。多様性が増加する過程のある点で、触媒反応の連結網が突如出現する。その網は、触媒それ自身を包含する。触媒作用に関する閉包が、突然できあがるのである。こうして、少なくとも計算機実験においては自己触媒する、「生きた」系が、生じるのである。

さらに、この結晶化を起こすには、臨界的多様さが要求される。それより単純な系は、触媒として機能しない。私たちは、まず、自立した生細胞の最小の複雑さを説明しうる理論の候補となりそうなものを手に入れることから始めよう。これは、決して「まことしやか」な話ではない。それより単純な系では、自己触媒作用する閉包を達成したり保持することができないのである。

相転移を起こすのに必要な総分子種の多様さは、二つの主要な因子に依存している。それは(一)反応の種類と分子種の数、そして、(二)系の分子が、分子同士で、反応の触媒をする確率分布である。反応の種類と分子種の数の比は、許される反応の種類の複雑さに依存する。例えば、ペプチドまたはRNA鎖の切断と結合反応のみを考えれば、反応の種類の高分子種数に対する比は、系の高分子の最大の長さMとともに線形に増大する。このことをおおまかに理解するのは易しい。なぜなら、長さMの高分子は、$(M-1)$通りの方法でつくることができるからである。そしてMが増えれば、反応の種類と高分子の種類の比はこれに比例して増える。逆に、ペプチドあるいはRNA鎖の、ペプチド転移反応またはエステル転移反応を考えてもよい。その場合には、反応の種類と高分子の比は、線形な変化よりずっと速く増大する。その結果、自己触媒集合の出現のために要求される分子種の多様さはずっと少なくなる。具体的に言えば、ある任意の高分子がある任意の反応を触媒する確率が一〇億分の一であったとすると、およそ一万八千種の分子があれば、集団的な自己触媒作用を行う集合の出現に十分となるであろう。

今議論している結果は、すべての高分子がいかなる反応に対しても触媒として機能できる一定の確率をもつ、という単純すぎる理想化をしていることに関してゆるぎないものである。これに代わるモデル（Kauffman 1993）においては、RNA鎖が有効で単純なリボザイムと考えられており、それが特異的なリガーゼとして働くために、候補分子リボザイムは、第一の基質とは三つの末端5′ヌクレオチドと、第二の基質とは三つの末端3′ヌクレオチドと鋳型の適合をしなくてはならないと仮定している。近年フォン・キーデロフスキー（von Kiederowski 1986）は、まさにそのような特異的リガーゼを生成し、それが実際に自己触媒作用をする小集合を形成することを示したのである。すなわち三量体二つが結びついて、六量体を構成したのである。さらに最近、フォン・キーデロフスキーは集団的に複製する交差触媒系をつくり出した（一九九四、キーデロフスキーからの私信）。フォン・キーデロフスキーの結果に同意して、候補RNAがその反応を触媒とするためには、鋳型の適合ということ以外に他の性質が必要であるという事実を明らかにするためにつくったモデルRNA系において、バグリーと私は、そのような適合の候補に対しても、特異リガーゼとして機能しうる機会は一〇〇万回に一回程度にしかすぎないということを仮定したのである。この系でもなお、集団的自己触媒集合が、モデルRNA鎖の臨界密度において出現する。おそらく、このような結果はゆるぎないものであり、高分子または他の有機分子の集合の中での触媒作用の能力分布に関するさまざまなモデルに対しても、なお通用するものであろう。しばらく後でまた、そのような集合的自己触媒作用をする系をつくり出そうという実験的な方法の議論に立ち戻ろう。

もしこの見解が正しいならば、生命の出現は、DNAやRNA、あるいは他のより単純な高分子の、美しい鋳型特性によるのではないことになる。そのかわり、生命の根元は、触媒作用それ自身、そして化学的組合せ論にあるのである。もしこの見解が正しいならば、生命のたどる道は確率という名の幅広い大通りであり、めったに起きない偶然などという裏路地ではないのである。

しかし、そのような集団的自己触媒作用をする系は、進化しうるのであろうか。それは、よく知られた意味でのゲノムなしに進化できるのであろうか。そして、もしそうだとすればそれは、ダーウィンやワイスマン以来の、またおそらくシュレーディンガー以来の伝統に対して、それはどんな意味をもつのであろうか。もし自己複製する系が、遺伝情報という安定で巨大な分子貯蔵庫なしに進化できるならば、シュレーディンガーの大きな非周期性固体についての提案は、生命の発生にも進化にも必要ではないことになる。

少なくとも計算機実験のレベルでは、そのような集団的自己触媒作用をする系は、ゲノムなしで進化しうる。強調したいのは、共同研究者のファーマーとパッカードと私は、撹拌流通式反応器のモデルにおいて、かなり現実的な熱力学的条件を用いて自己触媒作用をするモデル系が、実際出現しうることを示したのである（Farmer, Packard & Kauffman 1986）。さらに、バグリーは、彼の学位論文の一部として、そのような系において、液体媒質中における開裂反応に偏った傾向をものともせず、大きなモデル高分子の高い濃度が達成され、しかもそれが保持されるということを示した。加えて、そのような系は、「食物」環境をある方法で変更されても「生き残る」ことができるが、もしもその食料が流通式反応器系から取り除かれれば、死んでしまう、つまりつぶれてしまうことも示した。しかし、おそらく最も興味深い結果は、ゲノムなしにそのような系が進化しうるということである。バグリーら（Bagley et al. 1992）は、自己触媒集合では連続する自発的反応が、その集合自身には含まれていなかった分子を生ずる傾向にあるというアイディアを用いたのである。そのような新しい分子は、自己触媒集合があることによって、自己触媒集合の周囲に分子種の一種の半影をつくり出し、そうでない場合よりも高濃度で存在する。自己触媒集合は、それらの新しい分子種のいくつかをそれ自身につなぎ合わせていくことで進化しうるのである。もし、そのような半影の集合を成す分子の一つ、あるいはいくつかがゆらいで適度な濃度になったときに、そしてそのような分子が次に自己触媒集合からそれ自身が生成される触媒反応を促進するならば、それで十分である。もしそうならば、その集合は拡張して、それら新しい分子種を包含するようになる。もしある分子が他の分子に触媒される反応を禁止することができるとしたら、そのような新種の分子の追加は、あるときにはおそらく古い種の分子の消滅をもたらすであろう。

要するに、少なくとも計算機上では、自己触媒集合がゲノムなしに進化しうる。どんな安定な大きい分子構造も、よく知られた意味での遺伝情報を保持しない。むしろ、分子の集合と、それらが起こしたり触媒したりする反応とが、系の「ゲノム」を構成している。この自己複製する反応の結合系の安定な動的ふるまいが、系の示す遺伝性の本質をなすのである。新しい分子種を組み入れ、そして古い分子種を消滅させるのかもしれないという能力が、遺伝性変異の本質をなしている。ダーウィンはそこで、そのような系が自然選択によって進化するであろうことを私たちに告げるのである。

もしこれらの考察が正しいならば、私が提言したように、シュレーディンガーが提案した大きな非周期性固体が、遺伝情報の安定な担体となるべしという要求は、生命の出現やその進化にとって必要ではなかったことになる。要するに、このような意味で、秩序からの秩序は、おそらく不必要なのである。

最後に、そのような問題へのいくつかの実験的アプローチについて、手短に言及したいと思う。基本的な問いは、もし、十分大きな多様さをもつ高分子と、それが造られる低分子、それに加えて他の化学的エネルギーの源が、適当な条件の下で十分小さい体積の中に集積したとしたら、集団的自己触媒集合が出現するであろうか、ということである。そのような新しい実験的アプローチは、新しい分子遺伝学上の可能性に頼っている。今や、基本的には極めて多種の生体高分子をつくり出して、ランダムなDNA、RNAやペプチド鎖をクローン化することが可能なのである（Ballivet & Kauffman 1985; Devlin et al. 1990; Ellington & Szostak 1990）。現在、何兆系列にものぼる多様なライブラリが探索されつつある。ここにいたってはじめて、この高度な多様性をもつ分子集合を、急速な反応が起こるほど小さい体積に閉じこめる反応系をつくり出すことを考えることができるようになった。例えばそのような高分子を、連続流通式の撹拌型反応器に閉じこめるだけでなく、表面や、内部環境と外部環境の間の界面を提供するようなリポソームやミセル、あるいは他の構造をもつ小胞にも閉じこめることができる。フォン・キーデロフスキーが彼の化学者としての知恵を駆使して設計した(私信、一九九四)集団的自己触媒集合を前提として、私たちは、そのような集団的自己触媒集合が、まったく新規に構成されうることを知るのである。私が概略的に述べた相転移理論が示すのは、触媒作用のある高分子からなる十分に複雑な系は、化学者の知的な網構造の設計なしに、突発的で自発的な性質として結合した集団的自己触媒作用の反応網を「結晶化する」ことが可能になる。

集団的自己触媒作用の発現は、基質と触媒の両方の機能をもつ高分子の生成がどの程度容易かということにかかっている。これは、極端に難しいということではないに違いない。触媒作用をもつ抗体の存在状況は、任意の反応を触媒しうる抗体を見つけるためには、一〇〇万から一〇億の抗体分子についての探査が必要となるだろうということを示している。抗体分子の可変領域にある結合部位は、およそ、補足決定領域に相当する数種のランダムなペプチドからなる集合であり、残りの構造によって定位置に保持されている。したがって、多少ランダムなペプチドやポリペプチドのライブラリは、合理的に見て、基質と触媒の両方として働きそうである。実際、最近の、私の大学院生トマス・ラビーン(Thomas LaBean)とタウジフ・バット(Tauseef Butt)との共同研究でわかったところでは、そのようなランダムなポリペプチドはたちまち折り畳まれて融解球状状態になる傾向にあり、その多くはゆるやかな変性条件下において協同的に解けたり、また折り畳まれたりするので、アミノ酸配列のレベルでは折り畳みがあまり強くないのが一般的であることを示している(LaBean et al. 1992, 1994)。その結果はまた、ランダムなポリペプチドが、よくさまざまなリガンド結合や触媒の機能を示すであろうことをも意味する。このことを支持する手っ取り早い証拠は、糸状ファージの外皮にあるランダムなヘキサペプチドをあげることである。他のペプチドに対して作られたモノクローナル抗体分子を結合させることができるペプチドを見つける確率は、一〇〇万に一つぐらいのものである（Devlin et al. 1990; Scott & Smoth 1990; Cwirla et al. 1990）。リガンドを結合することと反応の遷移状態を結合することとは同様なので、これらの結果は、触媒機能をもつ抗体を見つけることに成功したことと結びつけて考えると、ランダムなペプチドが、おそらくかなり容易に、ペプチドや他の高分子間の反応を触媒するのではないかということを示している。ランダムRNA鎖もまた興味深い候補である。任意のリガンドに結合する塩基配列を対象としたランダムRNAのライブラリ探索の最近の結果は、成功の確率が一〇億分の一程度であることを示している（Ellington & Szostak 1990）。反応を触媒できるRNA鎖探索のより最近の結果は、成功確率が一兆分の一程度であることを示している。ある任意の反応を触媒できるランダムペプチド配列を見つけるほうが、よりやさしいだろう。これらの結果は、そのような系が提供できる反応の数のおおざっぱな見積りと合わせて考えれば、おそらく一〇万から一〇〇万種類の、長さ一〇〇の高分子配列の多様性があれば、集団的自己触媒作用を達成しうるのではないかということを示している。

動的秩序の拠り所

もし、シュレーディンガーの提案が生命の発生に必要でなかったとするならば、DNAという非周期性固体が、遺伝性変異を保証するのに、少なくとも必要であるか十分であるかのどちらかであるのだろうか。その答えは、上に述べた概要よりさらに詳しく私がここで示そうとすることなのだが、「否」である。大きな非周期性固体によって実現される微視的コードは、明らかに秩序を保証するのには不十分である。ゲノムは活性に関わる膨大な並列処理ネットワークを特定する。そのような系の動的ふるまいは破局的にカオス的となり、コード化された系の乱雑に変化する挙動に対して、いかなる選択可能な遺伝可能性をも否定するに違いない。DNAのような安定な構造によるコード化それ自身は、コード化された系が選択可能な遺伝性変異に対して、十分な秩序をもって動くことを保証できない。さらに私が示そうとするのは、DNAのような大きな安定な非周期性固体におけるコード化というものは、原始的な集団的自己触媒作用を行う集合、またはもっと高度な生体のどちらであれ、選択可能な遺伝性変異に要求される安定な動的ふるまいを得るために必要でもないということである。そのかわり必要なのは、その系がある種の熱力学的開放系であり、その状態空間において小さな安定な力学的アトラクタに向かって強力な収束をしうるということである。別の見地から言えば、その開放系は、熱的あるいは他のゆらぎを相殺するのに十分な速さで、情報、すなわち自由度を捨てることができなくてはならない。

私はここで、手短にランダムブールネットワークの挙動をまとめてみよう。このようなネットワークは、発生中の生体のそれぞれの細胞の中で、何千という遺伝子がその生成物の活性を調整している遺伝子調節システムのモデルとして、最初に導入されたものである（Kaufman 1969）。ランダムブールネットワークは、高度に無秩序で重たい並列処理を行う非平衡系の例であり、物理学者や数学者その他の研究者の間で、ますます興味がもたれつつある問題である（Kaufman 1984,

1986, 1993; Derrida & Pommean 1986; Derrida & Weisbuch 1986; Stauffer 1987)。

ランダムブールネットワークは、開放系で、外因性のエネルギー源によって平衡からずらされている。このネットワークは二値、つまりオン／オフの変数からなる系で、そのそれぞれがブール関数と呼ばれる論理的スイッチ規則に従う。ブール関数というのは、ジョージ・ブール（George Boole）に敬意を表して付けられた名前で、彼はイギリスの論理学者であり、一九世紀末に数理論理を発明した人である。さて、一個の二値変数は二個の別の変数から入力を受け取り、その両方が、つまり入力1AND入力2が、前の時刻に活性であるときのみ、次の時刻に活性化される。これが論理的あるいはブールの「AND」関数である。

図3a～cは、三変数をもち、それぞれが他の二変数から入力を受けとるという、小さなブールネットワークを示している。一個の変数にAND関数が、他の二個にOR関数が割り当てられている。最も単純な類のブールネットワークでは、時間は同期している。各クロック時刻において、それぞれの要素は入力の活性を評価し、それぞれのブール関数の正しい応答表を調べ、指定された値をとる。また最も単純な場合では、ネットワークは外部からの入力をまったく受けない。そのふるまいは完全に自律的である。

図3aが、三個の変数の相互結合の配線図と、そのそれぞれが従うブール論理の規則を示しており、図3bは同じものを異なる形式で示したものである。ネットワーク全体の状態を、二値変数全体の現在の活性で定義する。そうすると、N個の二値変数があるならば、状態の数はちょうど2^N個ある。今の場合三変数あるので、八個の状態がある。ネットワークの可能な状態の集合は、状態

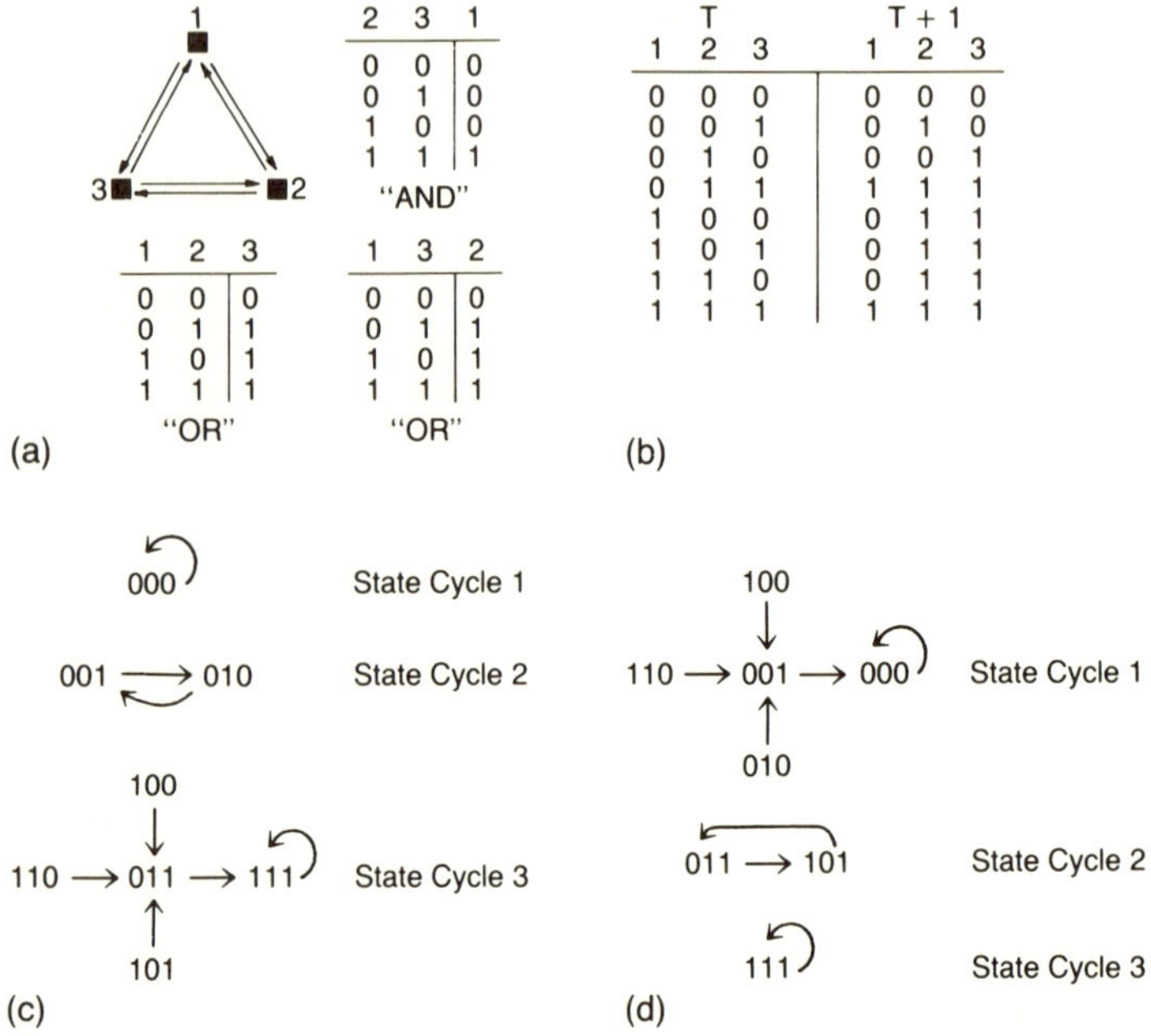

図 3　(a) 3 つの二値要素をもち，それぞれの値が他の 2 つへの入力となる，ブールネットワークの配線図。(b) (a) のブールの規則を書き換えて，時刻 T におけるすべての $2^3=8$ 個の状態に対して次の瞬間 $T+1$ におけるそれぞれの要素のとる活性を示したもの。(c) 状態から次の状態への遷移を矢印で結ぶことによって示した，(a) と (b) のブールネットワークの状態遷移図，あるいは動作場。(d) 要素 2 において，OR を AND にするという規則の変異がもたらす効果。

空間を構成する。図3bの左の列は、それら八個の状態を示す。右の列は、次の時刻でのそれぞれの変数の応答を、入力の可能な活性の組合せに対して示している。しかし、図3bの別の読み方は、図の右半分が、三変数すべての次の活性に対応する、と認めることである。したがって、左から右に見ると、図3bは、ネットワーク全体のそれぞれの状態に対して、どの状態がその後に来るかということを特定しているのである。

図3cはネットワーク全体の組織化された動的ふるまいを示している。この図は、それぞれの状態から出て、直後の、唯一の状態につながる矢印を描くことで、図3bから導かれる。それぞれの状態は、直後の唯一の状態をもつので、系はその状態空間中で、ある軌道に沿って動く。有限個の状態しかないので、系は結局は以前にとったのと同じ状態に再び戻ってくる。しかしそこで、それぞれの状態は唯一の直後の状態をもつのだから、この系はそれ以後、状態の再起的サイクルをくり返し循環することになり、これは状態サイクルと呼ばれる。

ブールネットワークの多くの重要な性質は、この状態サイクル、そしてそのような状態サイクルに流れてゆく軌道の性質と関係している。そのような性質の中でも、第一のものは状態サイクルの長さである。系は自分を自分自身に写像するという定常状態にある単一状態であったり、あるいは系のすべての状態を通る軌道を回る状態サイクルであったりする。状態サイクルの長さは、ネットワークの活性パターンの再起時間に関する情報を与える。いかなるブールネットワークも、少なくとも一つの状態サイクルをもたねばならないが、その多くは一個以上の状態サイクルをもつ。図3cに示したネットワークは、三つの状態サイクルをもつ。それぞれの状態は、厳密に、一つの状態サイクルに流れつく軌道か、あるいはその軌道の一部である軌道の上に乗っている。それゆえ、状態サイクルは、引力のくぼみと呼ばれる状態空間のある体積を飲み込んでゆく。状態サイクルそれ自身は、アトラクタと呼ばれる。あらっぽい類比をすれば、状態サイクルは湖に等しく、引力のくぼみは、一つ一つの湖に流れこむ川の流域に等しい。

図3を調べてみると、軌道が収束していることがわかる。軌道は、状態サイクルに到達する前に、お互いの上に収束しているか、あるいはもちろんのことであるが、状態サイクルに到達したときには収束する。このことは、この系が情報を投げ捨てたことを意味する。二つの軌道が収束したならば、系はもはや、現在の状態にいたった経路を識別するためのいかなる情報ももっていない。その結果、状態空間における収束度が高ければ高いほど、系のより多くの情報が捨てられることになる。私たちは、まもなく、この過去の消去が、このような重たいネットワークにおける秩序の創発に欠くことのできないものであることを知ることになる。

もう一つの興味深い点は、任意の一つの変数の活性を一時的に反転するような極小の擾乱が与えられたときの、状態サイクルの安定性に関係している。図3cを調べると、第一の状態サイクルは、そのようなすべての摂動に対して不安定であることが示される。このようにいかなる摂動も、系がそちらの方向に流れていってしまう別のアトラクタの引力のくぼみに置くという働きをする。反対に、第三の状態サイクルは、いかなる極小の摂動に対しても安定である。そのような個々の摂動は、系を前と同じ引力のくぼみの中にそのまま置くことになり、系は摂動の後にそこに戻っていく。

カオス状況、秩序状況そして複雑状況

ほぼ三〇年間の研究を経て、大きなブールネットワークが、その属性として、カオス状況、秩序状況、そして秩序とカオスの間の遷移点近くの複雑状況の三種類のうちのどれか一つのふるまいをすることが明らかになってきた。この三種類のうち、何千という二値変数の活性を調整するような秩序状況が自然に創発することが、おそらく今議論している目的に関して最も驚くべきことであろう。そのような自発的集団的秩序は、私が信ずるところでは、生物の世界における秩序の最も深い拠り所の一つである。

私は、まず、カオス状況について述べ、次に秩序状況について、そして複雑状況を結びとしよう。話を先に進める前に、ここで論議する問題の種類を特徴づけることが重要である。私が理解しようとしているのは、ネットワークの異なる類において、大きなブールネットワークが示す典型的な、あるいは属特有の性質である。具体的に言えば、取り扱おうとしているのは、Nという大きな数の二値変数をもつネットワークである。ネットワークが変数一つあたりの入力数「K」によって分類されると考える。そして、K個の入力をもつ可能なブール関数の集合に対して、特定の偏りをもったネットワークを考える。私たちがそこで知るのは、もしKが低い値である場合、あるいは何らかの偏りが有効に働く場合には、数千個もの変数の活性を結びつけるような膨大なネットワークでさえも、秩序状態になるということである。したがって、少数の単純な構造パラメータを制御することは、その類、あるいはアンサンブルに属する典型的な要素が、秩序を示すことを保証するために

十分なことなのである。進化論的意味は直接的である。非常に大きな数の結合した変数の調和したふるまいは、非常に単純で普遍的な全系のパラメータを調整することで得られるのである。巨大なスケールの動的秩序は、私たちが想像したよりもはるかにたやすく手に入るのである。

ネットワークの類、あるいはアンサンブルの属としての特性を研究しようという目的は、そのアンサンブルがランダムに標本抽出されることを要求する。多数のそのようなランダム標本の分析が、それぞれのアンサンブルの要素の典型的ふるまいの理解をもたらすのである。それゆえ、私たちは、ランダムに構成されたブールネットワークを考察するのである。それが構成されれば、ネットワークの配線図と論理が定まる。

私たちはまず、$K = N$という限定された場合を考察しよう。ここで各二値変数は、それ自身から と、他のすべての二値変数からの入力を受けとる。その結果として、ただ一つの可能な配線図のみが存在する。しかしそのような系は、それぞれの変数にそのN個の入力に対するランダムブール機能を割り当てることによって、$K = N$の可能なネットワークのアンサンブルから、ランダムに抽出することができるのである。そのような確率関数は、無作為に、0または1をそれぞれの入力の組合せに対する応答として割り当てる。このことはN個の変数のそれぞれに対しても当てはまるので、ランダム$K = N$ネットワークは、各状態に対して、その直後の状態を2^N個の状態の中から無作為に割り当てるのである。したがって、$K = N$ネットワークは、2^N個の整数の、それ自身へのランダムな写像である。

以下の特性が$K = N$ネットワークにはある。第一に、状態サイクルの長さの中位数の期待値は、状態数の平方根である。少しこの結果について考えてみよう。二〇〇個の変数をもつ小さなネットワークは、長さが2^{100}の状態サイクルをもつだろう。これは、近似的に10^{30}個の状態となる。もし系が状態から状態へと移るのにほんの数秒ほど要するとすれば、長さが2^{100}の状態サイクルを回るのに、一四〇億年前のビックバン以来の宇宙歴史の数十億倍もの時間を必要とするだろう。

$K=N$ネットワークの長い状態サイクルは、私に、シュレーディンガーの議論に関する批判的な主張を許すのである。ヒトのゲノムを考えてみよう。ヒトの体の各細胞は、数十万個の遺伝子をコード化している。私たちすべてが知るところでは、遺伝子は互いの活性を分子間相互作用の網を通じて調整しているのである。転写は、例えば、シス型活性促進剤、TATAボックス、エンハンサーなどのDNA配列によって調節されている。一方、シス型活性サイトの活性は、処理因子によって制御されており、それはしばしば他の遺伝子によってコード化されたタンパク質で、それが核または細胞内に拡散し、シス型活性サイトに結合してそのふるまいを調整しているのである。遺伝子以上に、転写は信号ネットワークによって調整されている。これは、そのリン酸化状態が触媒や結合の機能を支配している、酵素の宿主としての働きと同様である。リン酸化状態は、今度は他の酵素やキナーゼ、そしてそれら自身がリン酸化や脱リン酸化されるホスファターゼなどによって制御されている。遺伝子や、その直接あるいは間接の生成物は、要するに、入り組んだ分子相互作用の網を構成している。この系の統制されたふるまいが、細胞のふるまいや個体発生を制御しているのである。

$K=N$ネットワークと類似した、ゲノムが特定する制御ネットワークを考えよう。ある遺伝子がオン／オフする時間スケールは、一分から一〇分のオーダーである。ゲノムの調整システムの遺伝子や分子要素は二値変数であるという理想化をそのままにしておこう。ヒトのゲノムの複雑性を収容している一〇万個の遺伝子をもつゲノムは、遺伝子の表現パターンの想像を絶する多様さをもつことができ、それは2^{100000}にもなる。そのような系の予想される状態サイクルのアトラクタの数は、「ほんの」2^{50000}個、あるいは10^{15000}個であろう。このスケールを描写するために、わずか二〇〇個の二値変数をもつ小さなモデルゲノムでさえも、その軌道を回るのに宇宙の年齢の何十億倍もの時間を要したということを思い出そう。10^{15000}というのは、私たちがその意味をおおざっぱに推し計ることすらできないような数である。しかし、いかなる生体も、そのような想像もできない膨大な周期をもつ状態サイクルに基礎を置くことなどできない。

要するに、ヒトのゲノムが、たとえDNAと呼ばれる非周期性固体によって正しくコード化され、ゲノムの$K=N$調整システムを特定するようなものであるとしても、その非周期性固体に秘蔵された秩序は、いかなる可能な生物学的意味をもたないようなふるまいを生じるのである。遺伝性変異に対して選択が働くためには選択の対象となる表現型がくり返し現われることを必要とする。ゲノムシステムのもつ遺伝子の活性パターンが、10^{15000}ステップもかけてやっと反復するようなランダムに選ばれた状態の系列であるとすれば、ゲノムシステムはそのような選択が有効に働くようなくり返し現われる表現型を示しえないのである。

$K=N$ネットワークは、その長さの期待値が系のサイズの指数関数で測られるような、状態サイクルをもつ。私は、このスケーリング則を、そのようなネットワークのカオス的ふるまいの一つの様相を表すのに用いることにする。

しかし、$K=N$ネットワークが示す、もっとなじみあるものに近い、別の意味でのカオスが存在する。そのようなネットワークは、初期条件に対して圧倒的な敏感さを示す。初期条件のわずかな変化も、その後の運動に重大な変化をもたらす。それぞれの状態の直後の状態は、可能な状態の中からランダムに選ばれる。二つの初期状態を考え、そのN個の二値変数のうちのただ一つだけの活性が異なるとしよう。状態（000000）と（000001）がその例である。ここで二つの二値状態間のハミング距離とは、異なるビットの数のことである。この例では、ハミング距離は1である。もしハミング距離を二値変数の総数、この例では6で割ったとすると、異なるサイトの割合を示す値、すなわちこの場合は1/6が、規格化されたハミング距離となる。一つのビットだけが異なる二つの初期状態を考えよう。それらの直後の状態は、ネットワークの可能な状態の中からランダムに選ばれる。それゆえ、直後の状態の間のハミング距離の期待値は、二値変数の数のちょうど半分である。規格化された距離は、1/Nから1/2へと、一回の状態の遷移ではねあがってしまう。要するに、$K=N$ネットワークは、初期条件に対して可能な最大の敏感さを示すのである。

シュレーディンガーの本の論旨に対する、私の論争、もしそれが論争ならばだが、を続けると、万が一ヒトのゲノムが$K=N$ネットワークだったとすると、そのアトラクタの軌道は、超天文学的に長くなるばかりか、最小の摂動でさえ系の動的ふるまいの破局的変化をもたらすことになる。ひとたび秩序状況という反例を得れば、カオス状況の深みにはまった$K=N$系というものが、ゲノム的調整系が組織化されている方法ではありえないということが直感的に明らかになる。さらに重大なことは、遺伝性変異に選択が働くということである。$K=N$ネットワークでは、ネットワークの構造あるいは論理がわずかに変化しても、系のすべての軌道やアトラクタを混乱させてしまうのである。例えば、一つの遺伝子の削除は、状態空間の半分を、つまりその遺伝子が機能していた空間の半分を消滅させてしまう。これは、状態空間内での系の流れの重大な再構成をもたらす。生物学者なら、「有望な怪物」を経由する可能な進化の道筋などというものは怪しいと思うであろう。そんな道はとてもありそうにない。$K=N$ネットワークは、不可能で有望な怪物によってのみ進化しうるのである。要するに、選択が働きうるいかなる有用な遺伝性の変異も提供しないのである。

「カオス」という用語に関しては、もう一言必要である。その定義は、いくつかの連続的な微分方程式からなる系に対しては、明快で確立したものである。そのような低次元系は、系の局所的な流れとしては発散するのだが、なおそのアトラクタにとどまるという、「ストレンジアトラクタ」に落ちこむのである。今のところ、そのような連続系での低次元のカオスと、私がここで述べた高次元のカオスとの間にどんな関係があるかは、はっきりわかっていない。しかし、両者ともその挙動はゆるぎないものである。高次元のカオスという言葉によって私が意味するところは、大きな数の変数をもち、周回軌道の長さが変数の数とともに指数的に増大し、そして先に定義したような意味において初期条件に対する敏感さをもつような系である。

ただで手に入る秩序：ブールネットワークが数千もの二値変数を収容するだろうという事実にもかかわらず、予期せぬ深い秩序が自発的に発現しうるのである。この秩序はとても強力なものなので、生体における動的秩序の多くを説明できるのではないかと私は信ずるのである。もしそのようなネットワークの非常に単純なパラメータが、単純な方法で束縛されているとすれば、秩序が生ずるのである。最も単純な制御パラメータは「K」つまり一変数あたりの入力の数である。もし$K=2$かそれ以下ならば、典型的なネットワークは秩序状況にある。

一〇万個の二値変数をもつネットワークを考えよう。それぞれの変数は、ランダムに$K=2$個の入力を割り当てられる。その配線図は、いかなる識別できる論理も、あるいは、いかなるものにせよ論理というものをまったくもたない、気が狂うほどのごちゃまぜである。それぞれの変数には、二変数をもつAND、OR、IF、EXORの一六個の可能なブール関数の一つがランダムに割り当てられる。したがって、ネットワークそのものの論理は、完全にランダムである。それにもかかわらず秩序は結晶化する。

そのようなネットワークの状態サイクルの長さの期待値は、状態数の平方根ではなく、変数の数の平方根の程度になる。したがって、一〇万個のゲノムと2^{100000}個の状態をもつヒトのゲノムほどの複雑さをもつ系も、おとなしく収まって、たった三一七個の状態を周回するようになる。そして、三一七個というのは、2^{100000}個の可能な状態の集合における無限小の部分集合なのである。状態空間内での相対的な局在度は、2^{-99998}のオーダーである。

ブールネットワークは、開いた熱力学系である。最も単純な場合には、実際の論理ゲートで構成することができ、それは外づけの電源からエネルギーを供給される。しかしなお、この類の開いた熱力学系は、状態空間の中でしっかりした収束を示すのである。この収束は、二つの際だった特徴を示す。総じてそのような系は、初期条件に対する敏感性の欠如を示すのである。収束の第一の特徴は、たいていの単一ビットの摂動は、系を、それが後に収束するような軌道にとどまらせることである。そのような収束は、たとえ系がアトラクタに到達する前にさえも起こる。第二に、一つのアトラクタから引き離すような摂動は、一般的にはもとのアトラクタに流れつくような状態に系をとどまらせる。アトラクタは、生物学的用語で言うならば、自発的な恒常性を示すものである。収束の特徴は両方とも重要である。アトラクタの安定性とは、雑音がある環境において、くり返しうるふるまいを示すことを意味する。しかし、アトラクタに達する前でさえ流れの収束が起きることは、秩序状態にある系が、似たような環境に対し「まったく同じ」反応をすることができるということを意味し、それはたとえ環境からの入力によって継続して与えられる摂動が、系がアトラクタに達するのを絶えず妨げても、そのようになるのである。軌道に沿った収束は、そのような系が、雑音の多い環境にうまく順応することを可能にするに違いない。

そのような、状態空間内での収束を反映した恒常性は、閉じた平衡状態にある熱力学系において相体積が完全に保存するのとは、際だって対照的である。リュービルの定理が、そのような保存則を保証していることを思い起こそう。それはまた、閉じた系が可逆であること、そして熱浴へと情報を捨てられないことを反映している。この保存則は、それゆえ、巨視的状態の確率を見積もるのに、その巨視的状態に寄与する微視的状態の数の割合を用いることができることの基礎となっている。

平衡系における相体積の保存則のさらに重大な意味は、次のようである。シュレーディンガーは、いかなる古典系のゆらぎも、そこで考えている事象の数の平方根に反比例して変わるという事実に私たちの注意を正しく引きつけた。系が平衡系であるとき、そのようなゆらぎは一定の振幅をもつ。しかしながら、もし状態空間においてしっかりした収束を示す開いた熱力学系を考えるならば、その収束はゆらぎを相殺するのに役立つ。収束は系をアトラクタに向かって押し込む傾向にあり、一方ゆらぎは、系を可能な状態からなる空間の中で、ランダムに駆動する傾向にある。それゆえ、私たちは重大な結論に到達する。シュレーディンガーが扱った、分子が少数であることに帰因する雑音から発生するゆらぎは、もしアトラクタに向かう収束する流れが十分な収束性をもつならば、原理的には相殺できる。恒常性が、熱平均化に打ち勝つことができるのである。

しかし、この結論は、私がシュレーディンガーを相手に提起した問題の核心である。なぜなら、私は、遺伝情報の安定な担体としての非周期性固体が生体に利用されていることが、秩序を保証するのに十分でないという可能性を主張したいからである。コード化された系はおそらくカオス的になるであろう。非周期性固体はまた、必要でもない。むしろ、秩序状況にある系の流れの収束こそ、要求される秩序にとって必要かつ十分なのである。

格子ブールネットワークとカオスのふち

ブールネットワークに簡単な修正を加えたものが、秩序状況、カオス状況、複雑状況を理解するために役立つ。ランダムな配線図を考えるかわりに、正方格子を考えて、それぞれのサイトはそれに隣接する四つのサイトからの入力を受け取ると考えよう。それぞれの二値変数をもつサイトに、四つの入力に対するランダムなブール関数を与えよう。系をランダムに選んだ初期状態からスタートさせ、格子を時間発展させよう。各時間きざみごとに、どの変数も1から0へ、または0から1へ値を変えてもよいとしよう。もしそうなったら、その変わった変数を緑に色づけしよう。もし変数が値を変えずに1か0のままになっていれば、赤色にしよう。緑は変数が「凍っていない」または「動いている」ことを意味し、赤は変数が動きを止めて「凍っている」ことを意味する。

一変数あたり四入力をもつランダムな格子ネットワークは、カオス状況にある。格子を眺めてみると、ほとんどのサイトは緑色で、赤になるのはほんの少しである。より正確に言えば、緑で表される凍っていない「海」が格子全体にわたって広がって、あるいはパーコレーションし、孤立した赤い島が取り残されている。

私はここで、すべての可能なブール関数の中に、単純な偏りを導入する。そのようなすべての関数は、それぞれのK個の入力値の組合せに対して、出力1か0を与える。出力値の集合はほぼ半数が1で半数が0であるかもしれないし、すべて1という値かすべて0という値かのどちらかの方向に偏っているかもしれない。Pという量を、この偏りの尺度としよう。Pは、1であれ0であれ、より多く出てくる方の値を生じさせる入力の組合せの割合である。例えば、AND関数の場合、四種類の入力構成のうち三種類が0という応答を与える。つまり、両方の入力が1であるときのみ、次の時刻での正しい値は1である。したがってこの場合、Pは〇・七五となる。このように、Pは〇・五から一・〇の間の値を取る。

デリーダとワイスブッフ（Derrida & Weisbuch 1987）は、ブール格子は、もしもその各サイトに指定されたブール関数がランダムに選択されるならば、秩序状況にあるだろうということを、各サイトのP値がある臨界値よりも一・〇に近い値をとるという制約の下で示した。正方格子の場合、臨界値P_cは〇・七二である。

秩序状態にあるネットワークと似かよった「映画」を考えよう。その中で、動いているサイトは再び緑に、凍りついたサイトは赤に色づけされる。もし、PがP_cより大きいならば、最初はほとんどのサイトが緑色である。しかし、すぐに、だんだん多くのサイトが、系の支配的な値である1か0に凍りついて、赤くなっていく。広大な赤い凍った海が、格子全体に広がって、あるいはパーコレーションしていき、きらきらと複雑なパターンに点滅する凍りついていない変数の緑色の孤島が取り残されていく。このような、凍っていない緑の孤島が取り残されていく赤い海のパーコレーションが、秩序状況の特徴である。

そのような格子ブールネットワークでは、P_cの上から下の値へとPが調整される過程で相転移が生ずる。上に挙げたような状況から相転移に近づけていくと、凍りついていない緑の島は大きくなっていき、そして、それらが突如互いに融合して、凍りついていない緑色のパーコレーションする海を形成する。相転移はまさにこの融合する点において生ずる。

このイメージを心に留めて、「ダメージ」というものを定義すると便利である。ダメージとは、ある一つのサイトの活性を一時的に反転させた後に、ネットワークの中を伝わっていく乱れである。これを研究するには、ネットワークの同一のコピーを二つつくって、それらをただ一つの変数だけ活性が異なる二つの状態に初期化すればよい。二つのコピーを眺めて、乱された方のコピーのサイトが乱されていない方のコピーと異なる活性値をいつかとったなら、それをすべて紫色にぬることにする。そうすると、乱されたサイトから外側に広がっていく紫色のしみが、そのサイトから広がっていくダメージを識別する。

カオス的状況において、緑色にパーコレーションする凍っていない海のあるサイトが、ダメージを受けたとしよう。そうすると、総体的に、紫色のしみは緑色の海のほとんど全体に広がる。実際、ダメージを受けた体積の予想される大きさは、格子系全体のサイズと同じぐらいになる（Stauffer 1987）。反対に、秩序状況にあるサイトの一つにダメージを与えたとする。もしそのサイトが赤い凍った構造の中にあれば、外側に広がっていくダメージは実際上存在しない。もしそのサイトが緑色の凍っていない島の一つにあれば、ダメージはその島全体に広がるだろうが、赤い凍った構造を侵すことはない。要するに赤い凍った構造はダメージの伝播を防ぎ、それゆえ系にかなりの恒常的安定性を与えるのである。

相転移点では、ダメージのなだれの分布の大きさはべき乗則に従うと予想され、たくさんの小さななだれと、少数の大きなものとをもつようになる。相転移は複雑状況にあたる。ダメージのなだれの特徴的なサイズの分布に加えて、ハミング距離の意味で近くに隣接する軌道に沿っての平均収束はゼロとなる。すなわち、カオス状況の場合は、ハミング近隣にある初期状態は、平均として、それぞれが独自の軌道に沿って流れていくにつれ、お互いに発散する傾向にある。これは私が述べた、初期条件に対する「敏感さ」である。秩序状況の場合は、近くの状態は互いに収束する傾向にあり、しばしば共通のアトラクタに到達する前に同じ軌道に入ってしまう。カオス相転移のふちにおいては、その近くの状態は平均としては収束も発散もしないのである。

複雑な適応系が、カオスのふちにある複雑状況に発展するだろうというのは、魅力ある仮説である。カオスのふちという状況の特性が、多くの研究者たち（Langton, 1986 1992; Packard 1988; Kauffman 1993）に示唆してきたことは、相転移、つまりカオスのふちという状況は、複雑な計算に適しているということである。一見したところ、その考えは魅力的である。今そのような系に、広範囲に散在しているサイトの複雑な時間的ふるまいを統制してほしいと望んだと考えてみよう。秩序状況に深くはまりこんでいれば、一連の変化する活性を遂行している緑色の島は互いに孤立しており、それらの間のいかなる統制も起こりえない。カオス的状況に深くはまりこんでいれば、統制は変化の大なだれを解き放つようないかなる摂動によっても乱されてしまう傾向にあるだろう。したがって、たぶん、秩序状況にある相転移点の近くで、複雑なふるまいを統制する能力が最適化されるかもしれない、というのはもっともなことである。

この仮定が万が一正しいとすれば、それは魅力的なことであろう。私たちは、複雑で並列処理をする適応系の内部構造と論理についての一般論をもったことになる。この論理によるならば、まさに複雑なふるまいを統制する能力をもつために必要な選択的適応は、適応系を相転移そのもの、またはその近傍へと発展させてしまうに違いない。

複雑系がしばしば、正確にカオスのふちではないが、カオスのふちに近い秩序状況に到達するだろうという仮説が暫定的な証拠によって、支持され始めている。このことをテストするために、同僚と私は、サンタフェ研究所において、ブールネットワークを互いに共同進化させ、いろいろなゲームを「プレイ」させてみた。すべての場合において、ゲームは、他のネットワークの要素の活性を検知することと、ネットワーク自身の出力変数のいくつかに適切な応答を載せることを含んでいる。それらのネットワークの共同発展は、それぞれのゲームでの成功を自然選択によって最適化するために、ネットワークのK、Pや他のパラメータを変更することを許している。短く要約すると、そのようなネットワークは、私たちがそれを行うよう要請した一連のゲームにおいて、上達するのである。常にそうであるように、そのような進化論的探索は、探索中の可能な事象の空間全体にわたって、適応性をもつ個体群をまき散らす傾向をもち、突然変異的ランダムドリフト過程の存在下で起こる。このドリフト傾向にもかかわらず、その系は秩序状況の範囲で、カオスへの転移からそう遠くないところに発展しようとする強い傾向がある。要するに、暫定的な証拠は、多様な並列処理系が、複雑な仕事を統制するために、相転移近くの秩序状況へと発展するだろうという仮説を支持しているのである。

この舞台での今後の研究は、私がシュレーディンガーを相手に提起した問題の中心にある疑問を考察することだろう。そのようなゲームをプレイするブールネットワークには、二つのノイズの源がある。第一のものは、他のネットワークから届く入力によってもたらされる。そのような外因性入力は、それぞれの系を今ある軌道から引き離し、そのアトラクタに向かう流れを乱す。第二ののは、どのようなネットワークにもある熱雑音である。内部雑音は系のふるまいを乱す傾向にある。これを補償し統制を得るために、そのような系は秩序状況へとより深く移行すると期待される。そこでは状態空間における収束がより強くて、外因性雑音に対するより強い保護作用が得られる。そこで、私たちが問うことができるのは、どの程度の収束度が、与えられた内部雑音を相殺するのに必要かということである。

同じ問題は、その動的ふるまいがそれぞれの分子種の少数の複製によって制御されているような、あらゆる系で生ずる。これは、細胞あたりの調節タンパク質や他の分子の数が、しばしば単一の複製の範囲内にある、同一世代の細胞で起きる。同じ問題が、生命の曙において形成されると私が推測している、集団的自己触媒分子系でも起きる。ある力学系において少数の分子を使うことから生じるゆらぎを、相空間における収束が、どの程度相殺できるのであろうか。またモデル系における各分子種の複製の数の減少に対して、要求される収束性はどのようにスケールされるのであろうか。分子の集団的自己触媒集合に関しては、おそらく状態空間における何らかの十分高い収束性が、集団的に再生産を行う代謝の中でのそれぞれの分子種の複製が少数であるということのために起こるゆらぎから、系を保護するのであろう。もしそうならば、大きな非周期性固体という安定な構造は、生命の発生に、あるいは選択が働く遺伝性変異に要求される秩序に対して、必要でも十分でもないのである。

秩序と個体発生

私たちはこれまでに、ランダムブールネットワークでさえ、予期せぬ高度の秩序を自発的に示すことを見てきた。そのような自発的秩序が、個体発生における秩序の発現と維持に役立っているであろう、という可能性を無視するのは愚かなことであろう。証拠はまだ暫定的なものだが、私はその仮定がかなり支持されるものだと信じている。私は手短に、ゲノムの調整ネットワークが実際秩序状況にあり、おそらくそれがカオスのふちからそう離れてはいないという証拠を述べよう。最初に、もしウイルス、バクテリアや真核生物の、すでに知られている調節遺伝子を調べたとすれば、そのほとんどは直接に、典型的には〇から八個の少数の分子入力によって制御されているであろう。魅力あることには、オン／オフのブール理想化においては、ほとんどすべての調節遺伝子は、私がずっと昔に水路づけ機能と名づけた、可能なブール関数の偏りをもった部分集合によって支配されているのである（Kauffman 1971 1993; Kaffman & Harris 1994）。ここで、少なくとも一つの分子入力は、一つの値1か0をもち、調節遺伝子座が特定の出力状態1または0をとることを保証するのには、それのみで十分であるとする。そうすると、四つの入力をもつOR関数は水路づけする。なぜなら、最初の入力が活性なら、他の三つの入力の活性によらず、調節された要素が活性であることを保証するからである。ブールネットワークが要素あたり$K=2$以上の入力をもち、しかし水路づけ機能におおいに束縛されていると、それは一般に秩序状況にある（Kauffman 1993）。私はここ数年、遺伝的ネットワークのアトラクタ、すなわち状態サイクルを、遺伝子系のレパートリーのうちの細胞型と解釈してきた。そして、状態サイクルの長さが予言するのは、細胞型が非常に限られた遺伝表現の再起パターンに違いないということ、また、細胞が数百から数千分の周回運動をするに違いないということである。さらに、アトラクタの数は、変数の個数の平方根でスケールされる。もし、あるアトラクタが細胞型であるなら、それから導かれる予言は、生体における細胞型の数はその遺伝子の数の平方根でスケールされるに違いないということである。これは定性的には正しいと思われる。およそ一〇万個の遺伝子をもつヒトは、およそ三一七個の細胞型をもつと予想される。実際、ヒトは二五六個の細胞型をもつと言われており（Alberts et al. 1983）、細胞型の数は遺伝的複雑性の線形関数と平方根関数の間にある関係に従ってスケールされると思われる（Kauffman 1993）。このモデルは、細胞型の恒常的安定性のような他の特徴をも予言する。凍った赤い要素は、正確に、遺伝子のおよそ七〇％が、生体中のすべての細胞型に対して同じ、固定した活性を示す状態にあるべきことを予言する。さらに、緑色の島の大きさは、一つの生体の異なる細胞型においては遺伝子活性のパターンが異なることを、合理的によく予言する。なだれの大きさの分布は、ランダムに選ばれた一つの遺伝子の活性を乱した後に、緑色の活性の連鎖的変更の分布を予言しているように思われる。最後に、秩序状況においては、摂動はただ、系を一つのアトラクタから少数の他のアトラクタへと移行させるのみである。もしアトラクタが細胞型であれば、この性質は、個体発生が分化という分枝する小路のあたりで組織されるに違いないということを予言するのである。いかなる細胞型も、すべての細胞型に直接分化すべきでないし、また実際できないのである。これが、カンブリア期またはそれ以前から、すべての多細胞生物にあてはまってきたであろう性質である。

紙面が許す限りで、これらの考えについて手短に述べた。しかし、現時点での公正なまとめは、遺伝調節系が秩序状況にある並列処理系であろうということである。もしそうならば、そのような系の状態空間における特徴的な収束性は、その動的秩序の主要な拠り所である。

しかし、私がここで論じた自己組織化には、より劇的な意味がある。ダーウィン以来、私たちは、選択が生物学的秩序の唯一の拠り所だと信じるようになった。生体は、私たちが信ずるようになったところでは、設計原理と、偶然と、必要性のいきあたりばったりの結婚という、奇妙な仕掛けの寄せ集めで繕われてきたのである。私は、この見解は不適当だと思う。ダーウィンは自己組織化の力を知らなかったのである。実際私たち自身も、その力をなかなか把握しがたい。生命の起源から、そのコヒーレントな運動にいたるそのような自己組織化は、生命の歴史において根本的役割を果たすに違いなく、実際私が議論しようとしたように、いかなる生命の歴史においてもそうなのである。しかし、ダーウィンはまた正しかったとも言える。自然選択は常に作用している。それゆえ、私たちは、進化論を再評価しなくてはならない。生命の自然史は、自己組織化と選択の結婚のような形をとる。私たちは、生命をあらためて調べて、その発展の新しい法則を探らなくてはならない。

まとめ

シュレーディンガーは、そこまで先取りして推量をすべき理由をもつ以前に著述したのだが、現在ある生命が大きな非周期性固体の構造に基礎を置いていることを正しく予知した。そのような固体の安定性は、彼の予知するところでは、遺伝情報の安定な担体物質を提供するであろう。そのような物質にある微視的コードは、生体を特定するであろう。物質中の量子的変更は、不連続でめったに起きないが変異を形成するであろう。彼は、現在の生命に関する多くの点で正しかった。

しかし、より根元的なレベルにおいて、シュレーディンガーは生命そのものに関して正しかったのであろうか。非周期性固体という構造的記録方式は、すべての生命に必要なものだったのだろうか。たしかに、共有結合をもつ有機分子が小さな「非周期性固体」であるという最小限の意味において、シュレーディンガーの議論は普遍的な価値をもつ。少なくとも炭素を基礎とする生命にとっては、与えられた環境下で安定であるために、十分な強さをもった化学結合が必要である。しかしそれは、地球上の生命を構成しているそれらの分子の集合のふるまいなのであり、少なくとも私たちが想像できるのは、それが宇宙のあらゆる場所で多くの可能な生命の形態の基盤となっているということである。生体は、実際、集団的自己触媒作用を行う分子系である。新しい証拠と理論は、上で提示したように、自己再生する分子系の発生が、大きな非周期性固体を必要としないということを示唆している。

そのような系の限定された進化でさえ、原理的に大きな非周期性固体を必要としないのである。また、動的秩序も遺伝性変異も、構造をコード化している非周期性固体と、他の多数の分子とのいくつかの相互作用によって保証されるものではないのである。むしろ、自然選択がもっともらしく働きそうな自己再生化学系における遺伝性変異は、動的安定性を必要とするのである。このことは今度は、少数の分子が関与していることからくるゆらぎを相殺するために、その状態空間内で十分に収束するような、開いた熱力学系によって達成されるのであろう。

開いた熱力学系の自己組織化されたふるまいを考慮しなかったというのは、シュレーディンガーへの批判ではない。そのような系の研究は、五〇年前にはほとんど始まっていなかったし、今日もそれほど進んではいない。たしかに、私たちすべてが今、純粋に言えることは、そのような開いた熱力学系の中におぼろげに見えはじめたような自己組織化というものが、生命の起源と進化に対する私たちの見解を変化させるであろうということである。シュレーディンガーは、それほどまでに多くを予知したということで十分である。私たちはただ、彼の智恵が現在も生きており、彼のそして私たちの物語をさらに手助けすることを願うのみである。

引用文献

Alberts, B., Bray, D., Lewis, J., Raff, M., Roberts K. & Watson, J. D. (1983). *Molecular Biology of the Cell.* New York: Garland.

Bagley, R. J. (1991). The functional self-organization of autocatalytic networks in a model of the evolution of biogenesis. Ph. D. thesis, University of California, San Diego.

Bagley, R. J. et al. (1992). Evolution of a metabolism. In *Artificial Life II*. A Proceedings Volume in the Santa Fe Institute Studies in the Science of Complexity, vol. 10, eds. C. G. Langton, J. D. Farmer, S. Rasmussen & C. Taylor, pp. 141-158. Reading, Massachusetts: Addison-Wesley.

Ballivet, M. & Kauffman, S. A. (1985). Process for obtaining DNA, RNA, peptides, polypeptides or proteins by recombinant DNA techniques. International Patent Application, granted in France 1987, United Kingdom 1989, Germany 1990.

Cohen, J. E. (1988). Threshold phenomena in random structures. *Disc. Appl. Math.* **19**, 113-118.

Cwirla, P., Peters, E. A., Barrett, R. W. & Dower, W. J. (1990). Peptides on phages A vast library of peptides for identifying ligands. *Proceedings of the National Academy of Sciences USA* **87**, 6378-6382.

Derrida, B. & Pommeau, Y. (1986). Random networks of automata: A simple annealed approximation. *Europhysics Letters* **1**, 45-49.

Derrida, B. & Weisbuch, G. (1987). Evolution of overlaps between configurations in random Boolean networks. *Journal de Physique* **47**, 1297-1303.

Devlin, J. J., Panganiban, L. C. & Devlin, P. A. (1990). Random peptide libraries: a source of specific protein binding molecules. *Science* **249**, 404-406.

Eigen, M. (1971). Self-organization of matter and the evolution of biological macromolecules. *Naturwissenschaften* **58**, 465-523.

Ellington, A. & Szostak, J. (1990). In vitro selection of RNA molecules that bind specific ligands. *Nature* **346**, 818-822.

Erdos, P. & Renyi, A. (1960). *On the Evolution of Random Graphs*. Institute of Mathematics, Hungarian Academy of Sciences, publication no. 5.

Farmer, J. D., Kauffman, S. A. & Packard, N. H. (1986). Autocatalytic replication of polymers. *Physica* **22D**, 50-67.

Kauffman, S. A. (1969). Metabolic stability and epigenesis in randomly connected nets. *Journal of Theoretical Biology* **22**, 437-467.

Kauffman, S. A. (1971). Cellular homeostasis, epigenesis and replication in randomly aggregated macromolecular systems. *Journal of Cybernetics* **1**, 71.

Kauffman, S. A. (1984). Emergent properties in random complex automata. *Physica* **10D**, 145-156.

Kauffman, S. A. (1986). Autocatalytic sets of proteins. *Journal of Theoretical Biology* **119**, 1-24.

Kauffman, S. A. (1993). *The Origins of Order: Self Organization and Selection in Evolution*. New York: Oxford University Press.

Kauffman, S. A. & Harris, S. (1994). Manuscript in preparation.

LaBean, T. et al. (1992). Design, expression and characterization of random sequence polypeptides as fusions with ubiquitin. *FASEB Journal* 6A471.

LaBean, T. et al. (1994). Manuscript submitted.

Langton, C. (1986). Studying artificial life with cellular automata. *Physica* **22D**, 120-149.

Langton, C. (1992). Adaptation to the edge of chaos. In *Artificial Life II*, A Proceedings Volume in the Santa Fe Institute Studies in the Sciences of Complexity, vol. 10, eds. C. G. Langton, J. D. Farmer, S. Rasmussen & C. Taylor, pp. 11-92. Reading, MA: Addison-Wesley.

Orgel, L. (1987). Evolution of the genetic apparatus: a review. In *Cold Spring Harbor Symposium on Quantitative Biology*, vol. 52, New York, NY: Cold Spring Harbor Laboratory.

Packard, N. (1988). Dynamic patterns in complex systems. In *Complexity in Biologic Modeling*, eds. J. A. S. Kelso & M. Shlesinger, pp. 293-301. Singapore: World Scientific.

Rossler, O. (1971). A system-theoretic model of biogenesis. *A. Naturforsch.* **B266**. 741.

Schrödinger, E. (1944). *What is Life?* Reprinted (1967). with *Mind and Matter and Autobiographical Sketches*. Cambridge: Cambridge University Press.

Scott, J. K. & Smith, G. P. (1990) Searching for peptide ligands with an epitope library. *Science* **249**, 386.

Stauffer, D. (1987). Random Boolean networks: Analogy with percolation. *Philosophical Magazine B* **56**, 901-916.

von Kiederowski, G. (1986). A self-replicating hexadesoxynucleotide. *Angewandte Chemie International Edition in English* **25**, 932-935.

第九章　心を理解するためになぜ新しい物理が必要か

ロジャー・ペンローズ
数理研究所、オックスフォード

なぜ、意識的理解は非計算的なのか

人間の知性にはさまざまな側面がある。そのうちのいくつかは私たちが今日使っている物理的概念を用いて説明することは可能であろうし〔シュレーディンガー（一九五八）と比較して欲しい〕、さらにまた可能性としてコンピュータシミュレーションにもなじむであろう。人工知能（ＡＩ）の支持者は、そのようなシミュレーションは実際可能であると主張するであろう。少なくとも私たちの知能に基本的に含まれるような心の質に関する多くの問題に対しては、シミュレーションが可能である。さらに、そのようなシミュレーションは、ロボットをある特定の点で人間がするように動かすときにも使える。強い意味での人工知能（strong AI）の支持者たちはあらゆる精神活動は電子的コンピュータでつくり出せるだろうと主張している。彼らはまた、コンピュータまたはロボットの中でなされる単なる演算が、私たちが自分自身を体験するのと同じ、意識体験を生ずるに違いないとも主張するであろう。

しかし、その一方で多くの人々はその反対の議論をしている。すなわち、私たちの知性には、単に計算ということでは表すことのできないような側面がある。そのような視点では、ヒトの意識はそのような単純な計算の現れではないような質のものとなるであろう。実際、私自身もそのように述べてもよいのだが、しかし、それ以上に私は、私たちの脳が意識的な熟慮のもとに行っていることが、計算機シミュレーションさえもできないことであるに違いないと言いたいのである。ゆえに、おそらく計算機は、決していかなる意識的経験をも、もたらすことができないのである。

そのような議論が正確になされるために、「計算」とは何かということをもっと明快に述べなければならない。実際のところ、計算に対する数学的に正確な定義は存在している。これはチューリングマシンの作用として知られているものによって与えられる。チューリングマシンとは数学的に理想化されたコンピュータのことである。それは永遠に疲れることも減速することもなく働き、決してまちがわず、そして無限の記憶容量をもつという理想化がされたものである（したがって私たちは、今使っているコンピュータの容量が不足したらどうしようと思うゆえに、もっとたくさんの容量をつけ加えなければということばかりいつも考えている）。私は、チューリングマシンについて、もっと正確な定義をここで提案しようとは思わない。その理由は、コンピュータという言葉が私たちにすっかりなじみのあるものになってしまったからである（詳しくは、例えばPenrose 1989）。

次に「意識」という言葉の定義についても、私は何も言うつもりはない。この言葉について、私たちが必要とするすべてのことは、意識というものがたとえ何であっても、私たちが「理解」をするときには必ず存在するものであるということである。とりわけ、私たちが数学的な理論を理解するときにである。

なぜ、私は意識的熟慮という行為が、決して計算的な手段ではシミュレーションできないと主張するのであろうか。私自身がいだいている最も有力な理由は、クルト・ゲーデルの有名な定理からきている（Kurt Gödel 1931）。ゲーデルの定理は、数学的な理解が既知の完全に信頼性のある計算規則の集合には決して還元されないことを明瞭に示唆している。しかし、そこを越えて、いかなる純粋な計算過程の知りうる集合をもってしても、数学に対して天才的な理解を示すコンピュータ制御型ロボットをつくることはできないと論じることもできる。そうした手順は熟慮の「トップダウン」型のアルゴリズム的教育を含むばかりではなく、何かもっとゆるくプログラムされた「ボトムアップ」型の学習機械をも含んでしまうであろう。しかし、それをここで詳しく議論することは、はなはだ不適当である。これに関する詳細な議論はよそで出版される予定である（Penrose 1994）。

計算不可能性という問題に関しては、数学的な理解力というものが、他の人間の理解とは対照的な特別な何かであると考えるのは合理的ではない。したがって、数学的理解の計算不可能性は、いかなる種類の人間の理解も計算不可能な方法でなされているという含みをもつことになろう。また、人間の意識の他の多くの側面も、理解ということと同じく、計算的に説明されると考えるのは合理的ではないと私には思われる。また、他の側面ならば計算機的に説明できるとも思わない。最後に私は人間以外の動物、すなわち少なくとも数多くの異なった種の動物たちもまた意識という性質のものをもっていて、したがって非計算的な規則に従って活動しているに違いないと信じている。

物理的な作用の二つのレベル

私たちのディスカッションをさらに続けるために、思考のプロセスに没頭しているとき、私たちの脳が実際、非計算的に動いているとしよう。そして、また、私たちの脳の作用は、生命をもたない物質のふるまいの基本となっているものと同じ物理法則によって完全に支配されていることを受け入れよう。そうすると、私たちは、物理法則によって支配されるのに、原理的に計算機的にまったくシミュレートできないような、物理的な作用が存在しなくてはならない、という要求に直面することになる。そのような作用というのは、どのようなものであろうか。

まず最初に試みなければならないのは、現在理解されている物理法則のうちに、非計算的なふるまいに相当する領域があるかどうかを調べることである。もし、それらの物理法則が、私たちが必要とする領域を提供できないとわかれば、非計算的プロセスを見出すために現存する法則を越えた考察をしなければならない。私たちはまた、そのような非計算的な物理学が、脳の働きの中に重要な入力を打ち込むことができるような、もっともらしい場所を探さねばならない。

それでは、物理的な世界がそれに従って動いていると考えられている精密なやり方に関して、今日の物理学者たちが私たちに提供できる描像とはいったい何だろうか。彼らは最も基本的なレベルにおいて、量子力学の法則が成り立っていると主張するだろう。シュレーディンガーの描像によると、ある一瞬における世界の状態は一つの量子的な状態で記述される（それは、ψという記号、あるいはディラックの記号で|ψ〉と表される）。それは、今考えている系がするであろうふるまいの

すべてを、重みをつけて足し合わせたものである。しかし、それは確率で重みをつけて結合したものではない。なぜなら、重みの因子は複素数（すなわち、aとbをふつうの実数として、$i^2=-1$を使って$a+ib$とつくられる数）だからである。さらにいえば、この量子状態の時間的な発展は、非常に明瞭な決定論的方程式、すなわちシュレーディンガー方程式によって支配されている。このシュレーディンガー方程式は線形方程式である（もっとも、この複素数の重み因子はそのまま変わりなく使われている）。通常の意味で、シュレーディンガー方程式は、その量子状態に対して予測可能な発展を与えるものと確かに考えてよい。このように、量子理論はこの意味で、本質的に非計算機的なものを私たちに与えてはくれない。

しかしながら、シュレーディンガー方程式そのものだけでは、現象の古典的レベルにおいて意味をもつような世界の描像を示すことはできない（シュレーディンガー自身は、そのことを注意深く強調している）。量子的線形重ね合わせに関する法則は、ほんの少しだけ異なったもの同士の状態に対してのみ重ね合わせ可能であるように思われるだろう。もしその二つの互いに非常に違っている状態、例えば、明確に異なる場所に置かれた一個のゴルフボールというような状態が、線形の重ね合わせとして存在するとは考えられない。例えば、一つのゴルフボールは一つの場所にあるか、または別の場所にあるかのどちらかであるということである。一つのボールが一度に二つの場所にあるということはない。ところが電子や中性子は、同時にまったく異なった場所にあるという、状態の重ね合わせとして存在しうるのである（複素数の重み因子をもって重ね合わされている）。多くの実験がこのようなことを確認するために行われている。

かくして、物理現象には二つの異なったレベルがあるということを考慮せねばならないことが明らかになった。量子レベルという微小サイズがあり、そこでは粒子・原子あるいは分子さえも、そのような複素数で重みづけられた奇妙な量子的重ね合わせとして存在することができる。一方、古典的なレベルでは、ある一つのことが起き、また他のことが起きることはあるが、それら二つの選択肢が複素数的に結合するようなことを、私たちは経験することはない。つまり、ゴルフボールというものは古典的レベルでの対象物なのである。

もちろん、そのようなゴルフボールといった対象物でも、電子や陽子といった量子的構成要素からできているのは当然のことである。各成分を記述する一組の法則があり、なおかつ大きな寸法をもった対象物に対して、他の規則があるというのは、いったいどのようになっているのだろうか。実のことを言うと、これは非常にデリケートな問題で、今日の物理学においてもいまだ完全には解決していない。私はその問題について手短に振り返っておく必要があるように思う。しかし、しばらくの間、私たちは、物理的なふるまいには二つの明らかに異なるレベルがあって、それぞれを支配する法則は異なっているという立場を単純にとるのが最善かと思われる。

この二つのレベルはどのように結び合わされるか？

量子レベルにおいては、前に述べたように、物理系の数学的な記述は、$|\psi\rangle$という量子状態で与えられるが、時としてそれは系の波動関数と呼ばれることがある。この系が量子レベルに留まっている限り、この状態は決定論的な、そして計算可能なシュレーディンガー方程式に従って時間とと

もに発展する（それをシュレーディンガー描像という）。この量子レベルの発展をU（ユニタリー的発展）で表そう。完全に古典的なレベルでは、物理的対象をコントロールしている法則は、ニュートンの法則（通常の物体のありふれた動きに対するもの）、マクスウェルの法則（電磁場でのふるまいに対するもの）、そして、アインシュタインの法則（速度や重力場が大きくなったときに対するもの）である。こうしたすべての古典的な発展に対してCという記号を用いよう。これらの法則は決定論的な性質をもち、基本的には計算可能であるかのように見える（私はこれまでUとCが計算可能であることについて、両方ともチューリングマシンで見られるような不連続なパラメータではなく、連続的なパラメータによって作用することを説明してきた。私たちは、この目的のためにUとCに対する適当な離散変数による近似を用いることが可能である。もっとも、Uと比べてCの場合にはあまり明解なやり方ではない。その理由は、Cの場合、しばしばカオス的になってしまうからである）。

しかし、標準的な物理理論の範囲で、同時に両方のレベルを含むような過程をいかに扱ったらよいのだろうか。例えば、物理的な系が大変デリケートにバランスがとれていて、その成分の量子レベルの一要素のふるまいが、大きなスケールでの古典的な効果のきっかけになるということがありうるのだろうか。これはまさに量子理論の中で量子計測といわれている種類の状況であり、シュレーディンガー方程式によって決められるものとは異なる記述を必要とするのである。これは状態ベクトルの収縮、あるいは波動関数の崩壊といわれており、私はこれをRで示そうと思う。量子力学における観測の問題を記述するための標準的な数学的手続きには、一つの量子状態から他の量子状態への瞬間的跳躍が含まれている。すべての確率的なふるまいと不確定性は、量子理論における**R**操作に含まれている跳躍にある。完全に量子レベルで維持されている系のふるまいは、まったく決定論的かつ計算可能な**U**で表される。

いかなる特定の量子計測においても、どのような出力が出るかは、行われる特定の観測の性質によって決まる。理論が私たちに示すことはただ、種々の結果が生じる確率であり、その確率は測定にかけられている系の量子状態によって決定される。確率が1か0という特別な場合を除いて、理論はありうるべき結果のどれが起こるかに関して、いかなる決定的な主張もなしえないのである。測定の結果に関して言うならば、確率の割り当てということが理論がもたらすことのすべてである。こうした確率によって与えられる制限の範囲内で、測定がなされるときのこの系のふるまいはいつでもまったくランダムである。

かくして今日の物理理論が言うところでは、この世界の物体のふるまいは大部分が計算機的であるが、ときとして、ある時間のあいだ(例えば観測かそれに類したことが行われているとき)、まったくランダムな要素が混じるということである。こうしたランダムな要素がなければ、その系のふるまいを望みの精度で近似するような、チューリングマシンによるシミュレーションをつくり上げることができるという意味で、いかなる物理系のふるまいも計算的とみなされるであろう。ゆえに私たちは、今日知られている原理が成り立つ限りにおいて、一般的な物理系を、ランダマイザーをもつチューリングマシンのようにふるまうものとみなすことができる。

しかしながら、この意味で、ランダマイザーは「実質的」に通常のチューリングマシンの計算能力を超えるものではない。実際のところ、実効的にランダムなふるまいは、「擬似ランダム手続き」と呼ばれる手段によって得られる。これは、あらゆる目的や結果に対してランダムな系のようにふるまう計算手続きを指す。ふつうになされているのは、何らかの「カオス的な計算」を使うことである。カオス的計算は本質的に完全に計算的であるにもかかわらず、計算を開始するときのパラメータに極めて敏感に依存しているものである。例えば、私たちとしては計算開始パラメータとして正確な時間をとってもよい（コンピュータの時計によって測れる）。このような計算の結果は実際のところ、チューリングマシンの作用の結果であるにもかかわらず完全にランダムである。こうした性質をもつ擬似ランダム計算を用いることと、本物のランダム過程との間には、実用上はまったく違いはない。

ランダマイザーあるいは擬似ランダム入力を用いたチューリングマシンを使うことで与えられるような物理的実在という描像は、しかし、第一節のゲーデルの議論が意識をもつ脳の活動に必要だと主張するような種類の計算不可能なものを与えることはできない。しかし、標準的な理論が与えるような「純粋なランダムさ」というものは、いったい物理的な系で起こっているようなことを本当に与えているのだろうか。私たちの現在の物理モデルの最も弱い点は、少なくとも脳の作用に関連するであろうレベルにおいて、ランダムな**R**過程を用いることにある。おそらく、完全にランダムな**R**を今使っているのは、単なる間に合わせにしかすぎないのではないだろうか。私の意見では、これは実際まさにその通りであって、何か新しい物理的な洞察とそして「新しい」物理法則が、**U**と**C**の間に横たわる溝に橋かけをするのに必要なのである。実際のところ、今もって少数派ではあるが、物理学者の間で、何かしなくてはならぬという考え方がより広く受け入れられるようになってきている。

GRW状態収縮機構

量子理論のルールをどのように自然の要求に合わせて変更すべきかという問題に対する最も有望な提案は、ジャンカルロ・ギラージ、アルベルト・リミニ、トゥリオ・ウェーバー（GRW）によって与えられた。彼らのもとの機構（Ghirardi, Rimini & Weber 1986）では、以下のように提案している。粒子の波動関数は、ほとんどの時間、シュレーディンガーの方程式**U**に正確に従って発展しているのだが、その波動関数が「打撃」を受ける極めて小さい確率があり、それによって、波動関数には、例えば、ガウス型の空間依存性をもつような他の関数が掛け合わされるであろうということである。この理論では、任意に選ぶことのできる二つのパラメータがある。そのうちの一つはガウス型関数の幅を決めるラムダ（λ）であり、他の一つは打撃が与えられるレートを決めるタウ（τ）である。ガウス型関数のピークの位置はランダムにとるが、どの位置にくるかという確率の分布は、その打撃を受けた時刻における波動関数の絶対値の二乗によって決まるものとする。このようにして、通常の量子理論における確率を支配している、標準的な絶対値の二乗法則との一致が行われる。

GRWの最初の提案では、タウの値は、単一の粒子が一億年ごとに一度だけ打撃を受けるように選ばれている。それゆえ、通常の時間間隔では、個々の粒子に対する標準的な量子力学の記述と矛盾しない〔例えばザイリンガーたちの中性子回折実験の結果はGRWの理論と矛盾しない（Zeilinger et al. 1988）〕。しかしながら、多くの粒子を含む系では、量子的な絡み合い現象が生じることを考慮しなければならない。この重要な現象について短くふれる必要があるが、ここではしばし、以下のことを注意するにとどめよう。すなわち、標準的な量子理論では、多くの粒子を含む系の波動関数はその系全体を対象とするものでなければならず、個々の粒子に対する単純に分割された波動関数というものは存在しないのである。かくして、多数の粒子からなる古典的レベルの対象に対して（例えば、ゴルフボールのようなもの）、構成粒子の「一つ」が打撃を受けるやいなや、その粒子の全体の波動関数は収縮してしまう。ゴルフボールの場合にはこの粒子の数は10^{25}個ほどもあるので、一ナノ秒以内に状態は収縮してしまう。それゆえ、ある場所にあるゴルフボールと別の場所にある同じゴルフボールとの重ね合わせでできている量子状態は、一ナノ秒以下の時間スケールで収縮して、その結果ゴルフボールは、それら二つの場所の片方にいるか、あるいは他方にいるという量子状態になってしまうのである。

このようにして、GRW機構は、標準的な量子理論が直面する最も基本的な問題を解決している。そのような問題は、シュレーディンガーの猫のパラドックスと呼ばれている（Schrödinger 1935a）。これによると、一匹の猫が二つの状態の量子的重ね合わせにあり、一つの状態では猫は死んでいて、もう一つの状態では生きているものとする。標準的な量子理論は、量子状態がU過程にのみ従って発展すると主張するわけだが、そうすると死んだ猫と生きている猫の重ね合わせは持続し、それ自身をどちらかと判別することはできない。しかし、GRW機構では、どちらの状態にあるのか区別できる。それはほとんどナノ秒よりも短い時間でできるのである。

絡み合った状態

前述の機構の重要な性質は、それが多くの粒子を含む量子状態が「絡み合った状態」と呼ばれているような状態にあるということによっているということである。このような状況を、EPR (Einstein-Podolsky-Rosen) 現象と呼ばれているものを使って描写してみよう。これらはまた、**R** 過程に関して、量子状態が本質的に非局所的な性質をもつことを強調するのにも役に立つ。

今、スピンが0の初期状態を考え、それが二つの粒子に崩壊するとして、そのそれぞれの粒子はスピン½をもち、お互いに逆方向に動いていくと考えよう。もしも、空間のある特定の方角を選ぶと、これら二つの粒子のそれぞれのスピンは、その方角に対して測定することができ、そして、それぞれの粒子に対する測定結果は反対向きの答えを与える。なぜかといえば、スピンの結合した状態が0だからである。この結果は、どのような方角を選んでも成り立つ。

もっと複雑な測定を行うこともできる。それは、二つの粒子に対してそれぞれ異なるスピンを測る方向を選ぶ場合である。その場合、それぞれの測定によって得られる結果は「イエス」または「ノー」である（なぜならば、スピン½をもつ粒子は、そのスピンに関してちょうど一ビットの情報をもつ）。しかしながら、そこには二つの粒子のスピンの向きが一致するか不一致となるかという、標準的な量子理論によって決定される連結確率なるものが存在する（実際のところ、$1-\cos\theta : 1+\cos\theta$、ここに角度$\theta$は測定の方向として選ばれた二つの方向のなす角度である）。

かの有名なベルの定理（J. S. Bell 1964）によれば、それぞれの粒子が区別できる実体としてみなされるときも、このような一組の観測に対する量子力学的な予測を記述する連結確率を説明できるような、いかなる局所的な方法も存在しない。二つの粒子は、どちらか一つの粒子を観察するまでは、何らかのミステリアスな方法で、お互い結合しているものと考えなくてはならない。事実、私たちは一つの粒子の観察を行うやいなや、瞬間的に他の粒子の状態もまた決定してしまうという事態に直面する。一組の粒子の状態というのは、一つの粒子がある一つの状態にあり、他の粒子がもう一つのある状態にあるというように考えることができない。こうした粒子の対は、ある一つの量子状態、すなわち「絡み合った状態」にあり、粒子一つ一つはそれ独自の切り離された状態をもたないのである。

この量子的な絡み合い状態という現象は、最初にシュレーディンガーによって、量子状態の一般的な特徴として記述されたものである（Schrödinger 1935b）。ベルの定理は、遠く離れた場所での量子的な絡み合いの効果の実験的な検証に道を開いた。このような結果はその後、数多くの実験家によって観察されたが、その中で最も印象的な実験はアラン・アスペと彼の共同実験者が行ったものである（Alain Aspect 1982）。そこでは、一二メートルも隔てられた絡み合い状態が観察されたのである。

一般的には、巨視的な対象物、例えばシュレーディンガーの思考実験における猫のようなものは、それ自身が絡み合い状態にある。猫の体を形づくっているそれぞれの粒子は、それぞれの固有の状態はもたず、猫全体に対する絡み合い状態の一部なのである。これこそまさに標準的な量子力学的記述が意味するところなのである。さて、GRW機構はちょうど、量子力学的な記述とまったく同じ種類のものを用いている。量子力学的な絡み合いは、実際、標準的な量子力学に対してGRW機構がもつのと、ちょうど同じ性質を示すのである。このようにして、シュレーディンガーの猫の体の粒子の一つがGRW型の打撃を受けたとき、猫全体の状態はそれに伴って収縮して、それゆえ二つの量子状態の重ね合わせ状態ではなくなり、死んでいるか生きているかのどちらかの状態になってしまうのである。

環境との絡み合い

実際のところ、この猫の状態は、それらを取り巻く環境の状態から孤立しているわけではないだろう。それゆえ、私たちは、絡み合いが猫で終わらず、環境にまで広がっているということを考えなくてはならないだろう。さらに、この乱された環境に含まれる粒子の数は、猫の体に含まれる粒子の数よりもさらに多くなる。観測過程に対する標準的な議論においては、量子状態を取り巻く環境の果たす役割が大変重要であると考えられる。標準的な議論では、詳細な量子力学的情報（私たちはこれを位相関係とよぶ）、それは確率で重みづけをされた結合と量子的重ね合わせを明確に区別するものであるが、それが環境との絡み合いの中で単純に失われていくのである。それゆえ実質的に、あるいは、ジョン・ベルがＦＡＰＰ（あらゆる実用的な目的にかなう）といっているところにおいて、ランダムな環境との絡み合いが重要となるとたちまち、量子的重ね合わせ状態は、とりうる状態すべてを確率的に重みづけして結合したものと同じようにふるまうようになってしまうのである。

しかしながら、この種の標準的な議論が行き着く先は、**U**から**R**が導かれるというよりはむしろ、**U**と**R**という二つの量子過程が共存しているということである（しかし、厳密にいうならば、**R**から**U**が導かれるというのは、**U**過程自体が確率についてまったく言及していないのであれば、いかなる場合でも不可能である）。物理的な対象が実際どのようにふるまうかを説明しようとすれば、系の単なる決定論的なシュレーディンガー発展**U**以上に、さらにもっと何か別のものを必要とするのである（これはシュレーディンガー自身、注意深く強調しているところである）。GRWのような機構が求めたものは、物理的に観測されるプロセス**R**、あるいはそれに似たようなものが、系の実際の物理的発展の一部となっているという描像である。

実際のところ、GRW機構においては、最初に打撃が起きるのは系の環境の中であって、その結果、環境と系との絡み合いを通じて、その系自体の中での収縮過程**R**が生じるのである。例えば、一個のDNA分子は、その中の個々のヌクレオチドに打撃が重大な影響を与えるには、あまりにも小さい。絡み合った環境の中で起きる「打撃」が付加的な役割を果たすのではないとすれば、DNA鎖が、異なる多数の配列を単に量子力学的に重ね合わせたものではなく、特別なヌクレオチドの連鎖となることを決定するものは何も存在しないだろう。

計算不可能な重力的収縮の機構

物理的な作用における非計算機的な役割については何も言うことができない。しかし、そのことが必要だということは第一節で強調した。私はこれまで、私たちの物理的な理解には量子力学と古典力学の境目において重要なギャップがあることを指摘し、このギャップを埋めるために提案されたGRW機構について述べてきた。私としては、このギャップを実際に橋渡しをするに違いない物理学が、量子理論とアインシュタインの一般相対性理論の適当な連結から生まれると信じるべき強い根拠があることを述べよう。この結合が、アインシュタインの重力場理論を、極めて小さい空間的距離スケールにおいて変更することになるに違いないということは、一般的に受け入れられている。しかし、量子理論（**U**）の標準的なルールも、適当な結合が見出された際には変わらなければならず、それゆえ、状態ベクトルの収縮**R**は量子重力的現象であることが判明するであろうという見方は、それほど一般的ではない。（Komar 1969; Károlyházy 1974; Károlyházy et al. 1986; Diósi 1989; Ghirardi et al. 1990; Penrose 1989, 1993, 1994を見よ）

もしも、当座しのぎの**R**を置き換えるために必要な欠落している理論が重力に関するものに違いないと認めるならば、**R**が実際に起こるべき大きさとタイムスケールのオーダーの見積りをしなくてはならない〔そうした理論は非計算的な性質をもつであろうといういくつかの間接的、あるいは暫定的な徴候がある。（Penrose 1994参照）〕。

そのような理論が関係しはじめるべきレベルを理解するために、ある物質の塊が、明らかに区別される二つの場所にある状態の線形重ね合わせ状態に置かれている場合を考えよう。そのような重ね合わせは、ちょうど不安定な粒子あるいは原子核のように、ある決まった半減期をもつ二つの異なったモードの崩壊過程をもつと考えよう。これらのモードの一つでは、重ね合わせの状態は崩壊して、今考えている二つの場所のどちらかをその塊が占める状態となり、もう一つのモードではもう一つの場所を占めるようになるのである。この崩壊過程の半減期を見積もるために、あるエネルギーEを考えてみる。エネルギーEとは、この塊の二つの場合を互いにずらす、つまり塊が同じ場所にあるところからはじめて、重ね合わせとして考えている距離まで互いに引き離すときに必要なエネルギーのことである。ここで、私たちは、一つの塊が他の塊に対してもつ重力場の効果のみを考える（Diósi 1989 と比較せよ）。塊が剛体として動くとみなして、同じことを別の言い方をすれば、エネルギーEは、その塊が二つの場合をとったときのニュートン重力場の「差異」にあたる重力的自己エネルギーを表す（Penrose 1994）。その重ね合わせ状態が、一方の場所にある状態と他方にある状態へと崩壊するときの半減期Tは、それゆえ

$$T = \hbar/E$$

のオーダーである。ここで、$\hbar$はプランク定数を2πで割ったものである。

私たちは、この評価が正しいかどうか、ある簡単な状況において調べてみよう。もしも、この塊が一つの原子核粒子からなっており、そしてこの粒子の半径がおおよそ一フェルミであるとすると、崩壊時間はおよそ一千万年となって、これは前に述べた、もとのGRW機構と同様である。次に、水と同じ密度の塊を考えてみれば、その半径を1ミクロンとして、Tはおよそ1/20秒となる。その半径が10^{-3}センチメートルとすると、Tは百万分の一秒より短くなるだろう。半径が10^{-5}センチメートルなら、Tは数時間となる。

しかしながら、前述のように、これらの時間はその塊がそれを取り巻く環境から孤立している場

合にのみ収縮時間となる。もしも、環境を形成する物質の相当量が乱されるとしたならば、減衰時間ははるかに短くなるであろう。

ここで提案しているのは、重大な非計算的特性を示すこの状態収縮の機構には、収縮が環境の中で起こるのではなく、「システム自体」の中で起こることが必要であるということであり、そのことを私は「自己収縮」と呼んでいる。この考えはつまり、環境というのは本質的にランダムであり、それゆえ、システムの状態を収縮させるものが、(絡み合い効果ゆえに起こる)システムを取り巻く環境中の状態の収縮である限り、いかなる真の非計算的特性もこのランダムさの中に隠されてしまうということなのである。ふつうの実験状況においても、状態の収縮をコントロールしているものは紛れもなく環境であって、それゆえ私たちは、標準的な量子力学的**R**過程によって実効的に記述されるふつうのランダムなふるまいと、どこも違わない結果を見出すのである。ランダムな環境が優勢になる前に、自己収縮が起こるためには、量子的に十分孤立した系が生ずるように極めて注意深く準備された構造を要するのである。そのようなしくみは、正規のランダム**R**過程からの非計算的なずれが顕著になるようにするために必要なのである。このことは第一節の考察に従って要求されることである。必要な孤立状態が得られそうな物理的な実験系はまだない。

意識的な脳の活動に関わること

ここでは、自然界それ自身が、必要な条件を達成するいかなる方法をも見出せないと言っているのではない。実際のところ、第一節の議論は、なにかしら自然がそのような道を見つけていることを示しているはずである。脳の活動に関する従来の描像は、それが神経シグナルとシナプスの作用という点から完全に理解されるということであった。第七節で述べた条件が達成されるのに必要な孤立状態に近いあらゆるものにとって、神経シグナルはその環境をはなはだしく乱すように思われる。それでは、シナプスの作用はどうであろうか。シナプスの（少なくともいくつかの）強さは間断ない変化を受けている。その変化を制御するものは何だろう。さまざまな可能性や提案があるようだが、一つの重要なファクターは、ニューロンの細胞骨格をつくる「微小管」であるらしい。

では、微小管とは何か。それは管状の構造をしていて、一般に真核細胞の内部を占めており、細胞の中でいろいろな作用を営んでいる。例えば、単細胞動物では、動きを制御するのに大事なものである。それは、アメーバが連続的な形態変化をするような場合である。それらはそれぞれのニューロンの中にあって、ニューロン同士を結びつける（アメーバのような）方法を制御している。また、それらは軸索（おそらく、すべてを継ぎ目なしにではないが）や樹状突起に沿って伸びており、どちらの場合もシナプスの近傍にまで到達している。微小管はいろいろな分子を長軸方向に運び、特に、神経伝達物質を運ぶのに用いられている。神経伝達物質とは、シナプスを越えて神経シグナルを伝搬するために用いられている化学物質である。

微小管は、チューブリンと呼ばれるピーナッツ型をしたタンパク質でできている（その大きさは約8nm×4nm×4nm）。チューブリンはわずかにゆがんだ六方晶系格子に配置されている。それぞれのチューブリンは「二量体」になっていて、それらは「αチューブリン」と「βチューブリン」と呼ばれる二つの成分からなっている。チューブリン二量体は（少なくとも）二つの異なる状態をとることができ、それらを「コンフォメーション」と呼んでいる（それは明らかに一つの電子の位置に依存していて、その中心は二つの成分の間にある「疎水性ポケット」の中に位置する）。ハメロフとワットは、これらのコンフォメーションは、それぞれの微小管にコンピュータのような性質をもたせているということを示唆した（Hameroff & Watt 1982; Hameroff 1987を参照）。そこでは、二量体の二つのコンフォメーションは「オン」または「オフ」状態のようにふるまい、コンピュータにおける1と0のビットをコード化している。複雑なシグナルはセルオートマトンのようなやり方で微小管に沿って伝搬していく。

　これまで議論したところでは、この系が、それぞれのニューロンを単独の「計算機ユニット」とみた場合よりも、はるかに勝る能力をもった計算機型の動作をするというだけのことである（チューブリンのコンフォメーションは、ニューロンのシグナルに比べて一〇〇万倍も早く動作し、そして一つのニューロンには一千万個のチューブリンがある）。しかしながら、これからの議論で示すように、何かこれ以上のことが必要なのである。すなわち、何らかの非計算的な作用の余地である。それは大規模な量子的にコヒーレントな状態が、その量子状態（あるいは少なくともその一部が）環境との絡み合いゆえに崩壊するのではなく、むしろ自己崩壊することができるほど十分長く、環境から孤立した状態に保たれているときにのみ生ずる作用である。いったい、微小管が、このような種類の物理的な作用を起こすもっともらしい場所を提供できるのだろうか。私は、おそらくそうであろうという見通しがあると信じている。微小管が管であることを思い起こそう。管の中では、ある種の量子振動が起こる余地がある（Hameroff 1974; del Giudice et al. 1983; Hameroff 1987;

Jibu et al. 1994; Frohlich 1968）。その量子振動は管に沿って生じるチューブリン二量体のコンフォメーション作用と弱く結合しうるだろう。管の中の量子振動は大きな質量の動きを伴わない。しかし、チューブリンのコンフォメーションとの結合が十分強くなり、その結果、自己破壊を起こすのに十分な質量の動きが生じるということが起きうる。ここで提案されている見方は、この自己破壊には非計算的要素が含まれており、意識の中の出来事はこの過程であることが何らかの方法で明らかにされるものであるということである。

これらの提案にはかなりの仮説が含まれているが、私にはこのような特質をもつ「何か」が必要であるように思われる。このような議論のもっと完全な説明は、私の著作（Penrose 1994）にあり、さらに進んだ論文をハメロフとペンローズの共著で書いているところである。

引用文献

Aspect, A., Grangier, P. & Roger, G.（1982）. Experimental realization of Einstein-Podolsky-Rosen-Bohm Gedankenexperiment: a new violation of Bell's inequalities. *Physical Review Letters* **48**, 91-4.

Bell, J.S.（1964）. On the Einstein-Podolsky-Rosen paradox. *Physics* **1**, 195-200. Reprinted（1983）in *Quantum Theory and Measurement*, eds. J.A. Wheeler and W.H. Zurek Princeton: Princeton University Press.

del Giudice, E., Doglia, S. & Milani, M.（1983）. Self-focusing and ponderomotive forces of coherent electric waves—a mechanism for cytoskeleton formation and dynamics. In *Coherent Excitations in Biological Systems*, eds. H. Fröhlich & F. Kremer. Berlin: Springer.

Diósi, L.（1989）. Models for universal reduction of macroscopic quantum fluctuations. *Physical Review*

A **40**, 1165-1174.

Fröhlich, H. (1968). Long-range coherence and energy storage in biological systems. *International Journal of Quantum Chemistry* **II**, 641-649.

Ghirardi, G. C., Rimini, A. & Weber, T. (1986). Unified dynamics for microscopic and macroscopic systems. *Physical Review* **34**, 470.

Ghirardi, G. C., Grassi, R. & Rimini, A. (1990). Continuous-spontaneous-reduction model involving gravity. *Physical Review A* **42**, 1057-1064.

Gödel, K. (1931). Über formal unentscheidbare Sätze der Principia Mathematica und verwandter Systeme I. *Monatshefte für Mathematik und Physik* **38**, 173-198.

Hameroff, S. R. (1974). Chi: a neural hologram? *American Journal of Clinical Medicine* **2**(2), 163-170.

Hameroff, S. R. (1987). *Ultimate Computing. Biomolecular Consciousness and Nano-Technology*. Amsterdam: North Holland.

Hameroff, S. R. & Watt, R. C. (1982). Information processing in microtubules. *Journal of Theoretical Biology* **98**, 549-61.

Jibu, M., Hagan, S., Hameroff, S. R., Pribram, K. H. & Yasue, K. (1994). Quantum optical coherence in cytoskeletal microtubules: implications for brain function. *BioSystems* **32**, 195-209.

Károlyházy, F. (1974). Gravitation and quantum mechanics of macroscopic bodies. *Magyar Fizikai Polyoirat* **12**, 24.

Károlyházy, F., Frankel, A. & Lukács B. (1986). On the possible role of gravity on the reduction of the wave function. In *Quantum Concepts in Space and Time*, eds. R. Penrose & C. J. Isham. Oxford: Oxford University Press.

Komar, A. B. (1969). Qualitative features of quantized gravitation. *International Journal of Theoretical Physics* **2**, 157-160.

Penrose, R. (1989). *The Emperor's New Mind : Concerning Computers, Minds, and the Laws of Physics*. Oxford: Oxford University Press.

Penrose, R. (1993). Gravity and quantum mechanics, in *General Relativity and Gravitation 1992. Proceedings of the Thirteenth International Conference on General Relativity and Gravitation held at*

Cordoba, Argentina. 28 June–4 July 1992. Part 1: Plenary Lectures, eds. R. J. Gleiser. C. N. Kozameh & O. M. Moreschi. Bristol: Institute of Physics Publishing.

Penrose, R. (1994). *Shadows of the Mind: An Approach to the Missing Science of Consciousness*. Oxford: Oxford University Press.

Schrödinger, E. (1935a). Die gegenwärtige Situation in der Quantenmechanik. *Naturwissenschaften* **23**, 807-812, 823-828, 844-849. (Translation by J. T. Trimmer (1980). *Proceedings of the American Philosophical Society* **124**, 323-38. Reprinted in *Quantum Theory and Measurement*, eds. J. A. Wheeler & W. H. Zurek. Princeton: Princeton University Press, 1983.)

Schrödinger, E. (1935b). Probability relations between separated systems. *Proceedings of the Cambridge Philosophical Society* **31**, 555-563.

Schrödinger, E. (1958). Mind and Matter. Reprinted (1967) in *What is Life?* with *Mind and Matter and Autobiographical Sketches*. Cambridge: Cambridge University Press.

Zeilinger, A., Gaehler, R., Schull, C. G. & Mampe, W. (1988). Single and double slit diffraction of neutrons. *Reviews in Modern Physics* **60**, 1067.

第十章　自然の法則は進化するか？

ウォルター・ティリング
ウィーン大学理論物理学研究所

自然界の中で永遠とみなされていた恒星や原子、また質量のような量など、多くのものが、単に一時的な形にすぎないことが明らかとなった。今日では、自然界の法則だけが唯一永遠だと信じられている。「現実の理解：文化と科学の役割」というタイトルの司教アカデミーでのシンポジウムの中で、私は、必ずしも自然界の法則が永遠である必要はなく、法則もまた宇宙の歴史の中で変化するであろうということを説明しようと試みたことがある。ここで私はこのような異説をより広い科学界の人々に対して、永遠の真理としてではなく、考察や議論に値する可能性として提起してみたいと思う。

今日、物理学は、物質の世界を微小なものから巨大なものまで記述する法則を知っている。これらの法則に矛盾する既知の現象がまったくないのは、不思議なことではない。なぜなら、矛盾するようなことがたまたま起こったときはいつでも、物理学の法則をこれまで説明できなかった事象に適合させるように調整しなければならなかったからである。物理法則が拡張されていく過程において、法則がより一般的かつ統一的になってきたということは驚くべき事実である。例えば、原子系の量子力学は古典的な力学にとってかわり、古典力学を極限の場合として組み込んでしまった。同様に、素粒子物理学は、原子物理学を低エネルギーの極限として包含した。このことは人々に物理学のピラミッドの頂点には、Urgleichung なるものが存在するという考えを抱くにいたらせた。このUrgleichung という言葉はハイゼンベルグによって名づけられ、今日、TOE（Theory of Everything）と呼ばれている。そして、これはその名の通り、すべてを含んでいるものである。

このTOEなるものは、それが今後発見されるにせよ、永遠の妄想にとどまるにせよ、特定の空間と時間のスケールに応じて、あるものは限られた、あるものは広大な適用範囲をもつ法則のピラミッドを結局残すようなものとなるであろう。また、生物学者たちもまた、ピラミッドが上下ひっくり返しであることを除けば、同じように種々のレベルでの法則について論じている（Novikoff 1945; Mayr 1988; Weinberg 1987）。生物学者は系が複雑になればなるほどそれを上位に位置づけている。ピラミッドの上下というのが、無意識の価値判断に反映されると考えれば、これは物理学者と生物学者の、複雑さというものに対する態度の違いを示している。

「すべてを説明できる理論（TOE）」という主張はもちろん、私たちの現在の思考の枠内で理解されるべきものである。物理の法則を定式化するために、量子論の言葉を使い、オブザーバブルと状態について論じるのが賢明である。例えば、一個の粒子に対しては、その位置（座標）xと、その運動量pがオブザーバブルである。これに対して、状態はシュレーディンガー関数で与えられ、それはそれらの物理量に対する確率分布を与える。オブザーバブルは客観的な実体であり、決定論的に時間発展する。このことで私が意味するのは、時刻tにおけるこれらの量（$x(t)$, $p(t)$）と、その初期値（x, p）の間には、一対一の対応があるということである。より正確にいえば、（x, p）から（$x(t)$, $p(t)$）への変換は、（x, p）でつくられる代数の、tを変数とする一パラメータ自己同形群をなすということである。特定の系がおかれた状態は、私たちの主観的な知識に反映し、そして量子力学においては、その知識は決して完全ではなく、ある予測不可能性をもたらす（因果関係という言葉は、別の哲学的な意味を含んでしまうので、私は使いたくない）。決定論的時間発展をするにもかかわらず、すべてのことが正確に予測されるわけではない。なぜなら、今ということにおいてさえ不確定性が存在するからである。大きな系に対しては、私たちはすべてのオブザーバブルのうちのほんの一部のみを測定できるだけであるから、この不確定性は圧倒的である。もちろん、私たちには何を測定したいのかを選択する自由がある。しかし、いかなる場合においても、それは小さな部分にしかすぎない。これは、数学的には、状態というものはある弱い近傍においてのみ定めることができるということを意味している。

それにもかかわらず、Urgleichung、すなわちＴＯＥによって支配される時間発展は、全宇宙の動力学を含み、すべてを決定すると一般的には信じられている。私はこの考えを、次の三つの命題に基づいて他の観点に置き換えたいと思う。

（一）上記のピラミッドにおける下位の法則は、それより上位のレベルの法則と矛盾はしないけれども、完全に上位の法則によって決定されるものではない。しかしながら、あるレベルにおいて基本的な事実と見えるものでも、より上位のレベルから見ると、まったく偶発的に見えるということがあるだろう。

(二) 下位の法則は、上位の法則によるよりも、それが関わっているまわりの状況により強く依存する。しかしながら、それらは、内的あいまいさを除くために、後者(上位の法則)を必要とするであろう。

(三) 法則の階層性は、宇宙の発展とともに進化してきた。新しく創造された法則は、最初には法則としてではなく、単なる可能性として存在したものであった。

私はこれらの提案を革命的だとは考えないが、現時点での私たちの知識から示唆されうる、もっともらしい推測だと考える。数学的にそれらを証明することはおそらくできないが、それらのいくつかについて例を用いて説明することにしよう。そのうちのいくつかは物理学の思弁的部分に属しており、仮想的なものにすぎないということは自覚している。それらの例は単に、私の論点を描写するためのモデルと考えるべきものである。

(a) 私たちが三つの空間次元と一つの時間次元をもつ世界に住んでいるということは、私たちの理論の基礎であり、また多くの人々は、異なる次元数をもつ世界における生命はどんなに奇妙なものであろうかと、あれこれ探究して楽しんでいる。今日の考えでは、最初、世界はずっと多くの次元をもっていたが、ある異方性により、三次元だけが莫大に膨張してしまったとされている（Chodos & Detweiler 1980）。今では他の次元はつぶれてしまい、わずかに素粒子の内部対称性にその痕跡を残すのみである。この四プラスx次元の分裂はすべての次元について完全に対称的なUrgleichungの中には決して刻み込まれてはいない。これらの理論においては、この特別な分裂（三次元と他の次元が分裂したこと）は偶然に現われるもので、あたかも凝縮現象でできる液滴の位置と同様、予測できないものである。そのような予測不可能性は、決定論的時間発展と矛盾するように思える。結局、今ある状態のみを取り上げ、それを時間を逆行させて発展させねばならない。そうすれば、現在の状況にいたった初期状態を正確に知ることになる。しかしながら、すでに述べたように、大きな系では、ある状態がその弱い近傍にあるかどうかを決めることができるだけである。そして、いかなる弱い近傍も、あらゆる考えうる方法で発展する状態を含んでいるということが主な論点である。

（b）10^{-33}センチメートルの大きさにまで縮んでいるこの内部空間が、特別な向きをもっていなかったにもかかわらず、その対称性は何らかの相転移によって破られ、基本的な相互作用が強い力、電磁力、弱い力に分かれてしまった（Barrow & Tipler 1986; Weinberg 1977）。なぜそれがちょうどそのような具合になったのかは、決して最初の熱平衡状態によっては決まらず、また相互作用は、いろいろな種類の対称性の破れから発生するあらゆる法則を、潜在的に含んでいたに違いない。長い間、多くの偉大な物理学者は、例えば有名な微細構造定数$e^2/\hbar c = (137.0\ldots)^{-1}$のような、これらの相互作用の強さの数値を説明できる理論を見つけることにとりつかれていた。現在までのところ、これらの試みは失敗し、今日の描像ではこのような数値は偶然に現れたとされている。

（c）多体系の動力学は、粒子間の相互作用の形の詳細によるのではなく、むしろ安定性と呼ばれる性質に依存している（Lieb 1991; Thirring 1990）。このことは、粒子あたりのポテンシャルエネルギーが、粒子の数には依存しないあるエネルギーの値に下限をもつことを意味する。この条件が満たされていないならば、物質は結局、ブラックホールの中に消えていってしまうであろう熱いクラスターを形成することになる。ふつうの物質が安定であるということは、電子がフェルミ統計に従っているという事実に決定的に依存している。もしも、π^-中間子が電子よりも軽く、それゆえ最も軽い安定な荷電粒子であったとしたら、私たちは奇妙な状況下におかれることになったであろう。プロトンはフェルミ粒子なので、水素原子 $\mathrm{H} = p\pi^-$ はそれでも安定である。しかし、重水素 $d\pi^-$ はそうではない。N個の電荷をもったボーズ粒子に対して、その基底状態のエネルギーはおよそ $-N^{7/5}$ になる。それゆえ、一モルの重水素は水素一モルより $10^{24\times2/5} \approx 109.6$ のエネルギーを余分にもっていることになる。このようなシナリオでは、すべての原子核は偶数の質量数をもつアイソトープとなり、物質は超高密度のプラズマになってしまうのである。

（d）惑星系のような、より大きな構造の、長い時間スケールの安定性は、共鳴によって支配されている（Siegel & Moser 1971）。もし、二つの惑星の公転時間が一致していたならば、小さい方の惑星はその軌道からはじき飛ばされてしまう。したがって、地球の運命は、他の惑星（主に木星）の公転時間と地球のそれとの比の、数論的性質によって決定される。力の法則が、

ニュートンの $1/r^2$ であろうとそれ以外のものであろうと、ほとんど重要ではない。それゆえ、地球がどれだけ長く日光を享受できるかという問題に対しては、重力場の理論よりも、数論の方がより重要である。

この例はまた、あいまいさを除くために、なぜ私たちがより上位レベルの理論を求めねばならないかの理由を示している。$-1/r$ ポテンシャルがもつ特異性が、正面衝突の軌道が特異性によってはね返されるか、あるいはまさに衝突が起こるかということを、古典力学によって予測することを妨げている。量子力学では、このポテンシャルの特異性が時間発展においてまったく問題にならず、その古典力学的極限として、私たちに二つの答えのうち前者が正しいということを教える。

そのつもりなら、私はこのような例をいくらでも挙げ続けることが可能であるが、ここで、私は以下の所見を述べたいと思う。

一見互いに矛盾するような事実を調和させるために、物理学はその概念を拡張しなければならなかったが、それによって予測能力を失ってしまった。例えば、量子力学は、粒子のもつ波と粒の性質を、不確定性関係という代償を払って記述する。Urgleichung ——そのようなものがもしも存在するならば——は潜在的に宇宙がとりえたありとあらゆる道筋と、それゆえ、ありとあらゆる可能な法則を含んでいなければならない。そして、明らかに、それは多くの許容性を残していなければならない。そのような方程式をもてば、物理学は一九三〇年ごろの数学とよく似た状況になるであろう。そのとき、ゲーデル（Gödel）が、数学的な構造は互いに矛盾はしないものの、演繹的推論ができないような真の記述を含む、ということを示したのである。同様にUrgleichungは、経験事実と矛盾はしないだろう。そうでなければ、それは変更を加えられる。しかしそれは、あらゆることを決定するということからはほど遠い理論となるだろう。宇宙の進化とともに、それぞれの時点での環境が、それ独自の法則を創造してきたのである。

上で議論された異なるレベルというものはすべて、より基本的な原理の、異なる現れ方にすぎないというような感じを抱くかもしれない。この直感をより厳密にしようとするときに生じる困難は、何が基本的かということの正当な定義にある。例えば、場の理論（古典的でも量子論的でも）の基本原理はローレンツ変換に対して不変であることであって、マクスウェルあるいはヤン－ミルズの方程式は、いずれもこの原理を表すための一つの特殊な機構にすぎないと論じることができる。しかしながら、その原理は大局的正当性をもってはいない。私たちは、一般相対性理論において、そのような同形写像の大きな群は、かなり例外的であることを学んだのである。あるいは、さらに悪いことには、（a）の中で論じたように、時空の次元と符号数は、おそらく歴史的偶然の結果なのである。同様に、エネルギーの値が近似的にNに比例して増大するという外挿的性質も基本的な法則と考えられるかもしれない。これは単純で広い妥当性をもっている。すなわち、それはあらゆる化学元素について成り立っている。このことは、重要な科学である熱力学の基礎となっている。しかしながら、それは大局的正当性をもたず、重力相互作用によって破られてしまう。そこで再び、（b）で論じたように、これも歴史的な偶然の結果なのであろう。すなわち、もしも電子より軽い荷電ボーズ粒子が存在するならば、基本法則はエネルギーがNに比例するというのではなく$N^{7/5}$に比例するということになるだろう。この意味で、私たちにとって基本的な法則とされているものは、宇宙の最初には法則でなく、単なる可能性にすぎなかったのである。

これらの考察は、強調点を科学において重要なものからずらしてしまうかもしれない。ふつうの見方では、科学の最も崇高な到達点は、TOEを見出すことでなければならない。なぜならば、それがわかれば、他のものはすべて、特殊な場合を単に計算してみることにすぎないということを意味するからである。もし、Urgleichungの式の中のわずかなギリシャ文字が多くを語ることができず、真の物理学は与えられた状況におけるその数学的な帰結から構成されるということを信じるならば、物理学のピラミッドのさまざまなレベルは、それ独自の正当性をもつことになる。このことは、上位のレベルのものから演繹的に推論できることを、やる必要がないということを意味しているのではなく、それを謙虚に誤りなくやりなさいということを言っているのである。

引用文献

Barrow, J. D. & Tipler, F.（1986）. *The Anthropic Cosmological Principle.* Oxford: Clarendon Press.
Chodos, A. & Detweiler, S.（1980）, Where has the fifth dimension gone? *Physical Review D* **21**, 2167-2170.
Lieb, E. H.（1991）. The stability of matter. In *From Atoms to Stars. Selected Papers.* New York: Springer.
Mayr, E.（1988）. The limits of reductionism. *Nature* **331**, 475.

Novikoff, A. B. (1945). The concept of integrable levels in biology. *Science* **101**, 209-215.
Siegel, C. L. & Moser, J. (1971). *Lectures in Celestial Mechanics*. New York: Springer.
Thirring, W. (1990). The stability of matter. *Foundations of Physics* **20**, 1103-1110.
Weinberg, S. (1977). *The First Three Minutes —— A Modern View of the Origin of the Universe*. London: André Deutsch.
Weinberg, S. (1987). Newtonianism, reductionism and the art of congressional testimony. *Nature* **330**, 433-437.

第十一章　生体において期待される新しい法則：脳と行動のシナジェティクス

J・A・スコット・ケルソー[*]＆ハーマン・ハーケン[**]
＊　フロリダアトランティック大学複雑系センター、複雑系・脳科学プログラム、ボウカ・ラトン、フロリダ州
＊＊　シュトゥットガルト大学理論物理学・シナジェティクス研究所、シュトゥットガルト

謝　辞

本章で述べる研究の大部分はＮＩＭＨ（Neurosciences Research Branch）からの補助金MH 42900, ＢＲＳからの補助金RR07258, ナーバル・リサーチ・オフィスからの契約金N00014-92-J-1904、そしてＮＳＦからの補助金DBS9213995をもとに行われました。図の作成にあたってご協力頂いた、トム・ハロイド氏とアーミン・フックス氏に感謝します。

生き物を研究すれば、物理学が今なおいかに未熟かがまことによくわかる。
（Ａ・アインシュタイン）

序

本章のタイトル、少なくともコロンの前のくだりは、恥ずかしげもなくシュレーディンガーのすばらしい小冊子『生命とは何か（一九四四）』から盗んできたものである。コロン以降の記述「脳と行動のシナジェティクス」は、そのような新しい法則が見つかりそうな源泉を指している。シナジェティクスという言葉は、ハーケンによってつくられた言葉で（Haken 1969; 1977）、開いた非平衡系の中で、いかにしてパターンが形成されるかを理解することを目的とした、比較的新しい、多くの学問の境界領域にある研究分野を総括する言葉である。開いた非平衡系とは、連続的にエネルギーや物質の流れを受け取っている系のことである。シナジェティクスは、系を構成する（一般に大変多くの）個々の部品が、新しい時空間的・機能的構造をつくり出すためにどのように協力するかを扱う。過去一〇年ほどの間に、開いた物理的、化学的、生物学的な系におけるパターン形成を自然がどのようにやっているかを見通すような著しい進展があった（Babloyantz 1990; Bak 1993; Bergé, Pomeau & Vidal 1984; Collet & Eckmann 1990; Ho 印刷中; Iberall & Soodak 1987; Kuramoto 1984; Nicolis & Prigogine 1989）。特に、シナジェティクスの構成原理は、不安定性、秩序変数、ゆらぎ、隷属といった概念を、複雑な系におけるパターンの自発的（自己組織化的）形成を理解したり、予測したりするために決定的な役割を果たすものとして確立した。

シュレーディンガーが、生きている系を理解するということが、物理における既知の法則を越えて、それ以外の法則を含むことになろうということを明言したときには（多くの人にとっては当時も今もその考えは恐ろしいことであろうか）、開いた非平衡系におけるパターン形成と自己組織化という理論的な概念は、ほとんど前代未聞のことであった〔それについてのかすかなつぶやきはシュレーディンガーの少々不適切な負のエントロピーという言葉の導入とフォン・ベルタランフィ（von Bertalanfy）の初期の仕事に含まれている〕。さらに、また非線形動力学の数学的な道具立ても、まだ十分花開いていなかった。その理由のひとつは、解析的な解がわかっていない非線形方程式を調べる主要な手段である数値計算の方法が、実際存在しなかったからである。シュレーディンガーは、かつてボルン（Born）にあてた手紙の中で、尊敬する同僚であるディラック（Dirac）とエディントン（Eddington）に言及し、彼らの知的努力を嘆いてこう述べている。「それは彼らの線形的思考を越えたものなのである。すべては線形、線形…だ。もしもすべてのものが線形であるならば、お互い影響し合う何ものもないと、かつてアインシュタインが私に言った。まったくそのとおりなのである。」（Moore 1989 p. 381）シュレーディンガーは、物理学者たちが研究をしているような、非常に興味深く、また重要な構造は、無秩序から秩序への転移によって起こるものだが（例えば、温度が下がり、物質の巨視的な構造が変化する場合）、そのようなものは、生命過程の発生とはまったく無関係だということを認識していた。物理学においては、物質の異なった凝集状態、例えば、固体、液体、気体は「相」とよばれ、その間の転移は「相転移」と呼ばれている。蒸気が液体に、そして最終的には氷に変わるとき、この転移は無秩序から秩序への段階的変化の例となる。生命過程は、このような相転移とは何の関係もなく、そこには「非平衡の」相転移に関係したまったく異なる原理が必要となることは直ちに明らかである。後者は、系の外側から注ぎ込まれたり、刺激を受けたりしている系で起こる（あるいは代謝系をもつ生命系では、内側または外側からである）。エネルギー、物質、あるいは情報を、その周囲と交換することなしに、その系は構造や機能を維持することができない。

生物学においては、少なくともこれまでは、開放系における自己形成の過程は、さっと片づける仕事とされてきた。たしかに、チューリング型の反応‐拡散機構は、胚発生や形態形成の議論の中で言及されてきた。例えば、細胞はいかにして指や爪先になるかというようなことである。しかし、おおかた、それは短いとるに足りない言及であった（例えば Wolpert 1991）。たしかに、ほとんどの生物学者たちは、生き物が開放系の一般的な類に属していることは認めている。クリックは彼の著書『分子と人間（*Molecules and Men* 1966）』において、いみじくも「生命体は開放系であるに違いない」の一文を書いた（9ページ）。クリックは、このことが生命にとって最低の必要条件であると言っている。しかしながら、当然のように、ほとんどの人々の関心は、生命体が遺伝物質をもち、それが再生産を可能にし、その〈コピー〉を子孫に伝えていくことができるということに断然向けられてしまったのである。ダーウィンの選択説は置き去りにされた。それにもかかわらず、ダーウィンの選択説が遺伝子のような自己維持構造を「前提としている」ということは、ずっと認められてきた。つまり、それは特定な形態が、原始スープの中からどのように選ばれてきたかということは説明しないのである。実際のところ、（あらかじめ秩序をもつ！）生物学的前駆体（Dyson 1985）の助けなしに生じるような生物学的秩序を、実験的に示したものは今のところない。

要するに、現代生物学は、生き物は組織化されたものであるということを認めている。長い時間をかけて、生物学者たちは、生物学的組織の基礎には何か霊的な生命力というものがあるという、実のない暗示をくつがえすのに大変な努力を払ってきた（例えば、Mayr 1988）。それは、私たちが共有する姿勢である。たとえ、生物学が、「ふつうの物理学と化学」の限界を明らかにし、シュレーディンガーの言うところの「新しい法則」（開放系における自己組織化に関するものであろうか）を発見し、それを展開しようという最も強い動機づけをもったとしても、そうはならなかった……。そのかわりに、生物学は異なった道（分子生物学）を選び、数多くの成功にもかかわらず、今、そのつけを払っている（Maddox 1993 を見よ）。私の論点をはっきりさせると、私たちは物理学の（それゆえ化学の）基本法則が生物学で成り立たないと言っているわけではない。それは、もちろん成り立っている。しかし、物理学の考えている枠組みは狭すぎると主張しているのである。そのかわりに、私たちは系の純粋にミクロな記述を超越するような、新しい概念を見出さなくてはならないのである。

本章では、分子的な現象それ自体を扱っているわけではないけれども、平衡からはるかにはずれたところで起きている非線形の過程が、いくつかの異なるスケールにおいて、生物的な自己組織化を取り扱うのに十分な豊かな内容をもつことを提示する。本章の目的は、自己組織化されたパターン形成（すなわちシナジェティクス）という物理的な概念が、すでに生命体とその環境のかかわりを理解するための基礎を与えているということを示すことにある。本章は以下のような構成となっている。第二節では、ハーケンのシナジェティクスの主な概念を、物理の身近な例を用いて導入する。第三節では、これらのアイディアが「協同作用」の問題を解くのに用いられる。そこで議論するように、協同作用は、生き物の一つの（あるいはこれこそが）基本的な特徴である。そのような複雑な系では、「意味をもつ」自由度や、それらの力学はしばしば、既知のものではなく、発見されなければならないものである。シナジェティクスは、現象のレベルに依存しない戦略と、その基礎をなす（非線形）動力学を明らかにするための方法を提供している。第四節では、脳自体が、基本的には非線形力学の法則に従う能動的な自己組織化系であることを示す、いくつかの新しい証拠について述べる。脳を含む生物系は、規則的なふるまいと不規則なふるまいを分ける境界の近くで生き、いわば不安定性の限界で精一杯生き延びているのであるという見解に、理論も実験も収束してきている。最後の節では、これらの結果が含むいくつかの意味が、生命そのものに対して引き出される。ついでながら、シュレーディンガーの書いた文章と張り合うのは不可能であるが、彼と同じように、ここでのゴールは、生物学的な自己組織化の本質的な構成要素を、方程式はできるだけ使わないで、観念的・非専門的なやり方で伝えることである。

いかにして自然は複雑性を操作しているか

非平衡開放系におけるパターン形成についてのいかなる記述も、少なくとも二つの問題を取り扱っていなくてはならない。第一の問題は、非常に多くの物質要素から、いかにしてパターンが形成されるかということである。第二の問題は、しばしば、一つだけでなく、「多数の」パターンが、環境条件に適応するためにつくり出されるということである。例えば、生物学的な構造は多機能である。同じ構成要素の集合が異なる機能をもつように自己組織化したり、異なる構成要素が同一の機能をもつように自己組織化したりする。さらに、与えられたパターンや構造がいかにして種々の環境条件下で持続するか（安定性）、また、それがいかにして変わりゆく内部条件や外部条件に順応しているか（順応性）ということが説明されなければならない。無数の可能性の中から、一つのパターンがいかにして選ばれるかを決定する過程もまた、自己組織化の法則や原理を備えていなければならない。このあとすぐにわかるが、そうした過程はしばしば、「協力」と「競争」、および両者の間の微妙な相互作用を含んでいる。

パターン形成の基礎をなすメカニズムを説明するために、下から温められ、上から冷やされているような流体という、なじみのある例を使おう。まず、最初に注意しておきたいのだが、脳あるいは生き物が、一般に、均一の要素からなる流体にすぎないと決して言っているわけではない。まったく違う。むしろここでは、自然が多くの自由度をもつ複雑な非平衡系を操作しているやり方のいくつかを示す一例として、流体を用いるのである。特に、それが生物学的な秩序の出現を理解するための基礎を与えることになると思われるシナジェティクスの主要概念の説明を可能にするのである。すべての偉大な物理実験がそうであったように、流体を取り上げる利点は、たとえそれが実験室で行われたにせよ、そこからより大きな描像を見渡す窓となることである。その実験はレイリー・ベナールの不安定性と呼ばれ、以下のように行われる。今ここに少量の液体をとってみる。例えばそれが料理用の油であったとしよう。その油をフライパンの上に落とし、下から熱してみる。微視的に見れば、その流体は例えば 10^{20} 個の分子をもち、その各々（非常に多数の微視的要素）はランダムで不規則な運動をしている。もしも、その流体の上側と底との温度差が小さければ、流体の巨視的な運動は生じないだろう。熱は要素の間で、私たちが観察できない微視的運動として散逸していく。この段階でさえも、これは「開放系」であり、温度勾配によって作動させられていることに注意してほしい。このとき温度勾配は、シナジェティクスと力学系の言語で、「コントロールパラメータ」と呼ばれる。このコントロールパラメータが増大すると、「不安定性」と呼ばれる驚くべき現象が起こる。液体が、巨視的に秩序だったローリング運動を始めるのである。そうなると、この系はもはや、ランダムに動き回る分子をでたらめに寄せ集めたものではない。数十億個もの分子が協同して、空間と時間の中で発展する巨視的なパターンをつくるのである。ローリング運動（集団運動）が始まる原因は、流体層の上部にあるより冷たい液体が、密度がより大きいので下へ下がり、一方、下層にある温かく密度が低い液体が上昇しようとするためである。

シナジェティクスにおいては、このロール状の液体の動きの大きさは、「秩序変数」または「集団変数」の役割を果たしている。こうなると、すべての液体はもはやばらばらには行動できず、秩序だった協同作用のモードの中に飲み込まれてしまう。臨界領域の近く（すなわち不安定性の近傍）では、系の巨視的なふるまいが、ほんの少数の集団的なモード、いわゆる秩序変数によって支配されており、パターン形成の発展を完全に記述するのに必要なのはこれらの変数のみである。この臨界点近傍での自由度の圧縮は、物理の文献では「隷属化原理」と言われており、ハーケン（一九七七）によって、系の大きな階層に対して厳密な数学形式を与えられたものである。この隷属化原理についての優れた解説として、ブンダーリン（Wunderlin 1989）によるものを参照してほしい。実例としては、テーラー・クエット系における渦の形成、コヒーレントなレーザー光の発生、ベローソフ・ジャボチンスキー反応に見られるような、ある種の化学反応時の溶液の濃度パターン、そして、よく研究されたチューリング不安定性などが挙げられる。チューリング不安定性は、形態形成のモデルとして用いられたこともあったが、あまり成功していない。これらすべての場合において、パターンの創発やスイッチングは、問題にしている系の協力的な動力学の結果としてのみ生じるのであって、系の外側からのいかなる特定の秩序化するような影響も受けておらず、内部に小人の仕掛け人や「プログラム」があるわけでもない。コントロールパラメータは「非特異的」である。つまり、それは、「自己組織化」の産物であるといわれるパターンの創発のためのコードを、指定したり含んだりしていない。自己組織系には、「神頼み」のような超自然的力も、部品を組み立てる機械の中の幽霊もない。実際のところ、「自己」というものもないのである。後ほど、私たちは生物過程に対する「特異的な」パラメータ的影響が、この描像にどのように組み込まれるかを検討しよう。

さらにもういくつかの点を挙げる。その第一は「循環的な因果関係」である。すなわち、秩序変数は、系を構成する個々の部品の協力によって生み出されるということである。逆に秩序変数は、個々の部品の行動を支配する。例えば、レーザーにおいては、原子の誘導放出が光の場を生み出し、それが今度は秩序変数として、原子の中の電子の運動を特定する、あるいはハーケンの言葉を借りていうならば、「隷属」させるのである。その帰結は極度な情報の圧縮である。循環的因果関係は、(熱)平衡からはるかに離れた非線形過程を象徴するものである。それは、生物学と生理学の大部分を支配している線形の因果律とは対照的である。例えば、DNAからRNA、そしてタンパク質へと、一方向にのみ情報が流れるという古いセントラルドグマは、線形的因果関係の例である。第二の点は、ゆらぎと対称性の破れに関係する。ここで取り上げた物理的な例で言うと、流体のローリング運動は、どちらの方向に流れるかをどうやって知ることができるのだろうか。その答えは偶然そのものである。左巻きと右巻きの運動の対称性は、たまたま起こるゆらぎあるいは擾乱のために破られる。いったん流れの向きが決定されると、それは最終的なものとなって逆転することはできない。すべての構成要素は、それに従わなければならない。この偶然（確率過程）と選択の間の相互作用が、発生するパターンを決める。生物的な自己組織系では、ゆらぎは常に存在し、今ある状態の安定性を調べ、その系が新しい状態を見つけることを可能にしている。第三の点は、コントロールパラメータの大きさが増加するに従って、どんどん複雑になっていくパターンが現れることである。すなわち、不安定性における階層の全体像である。複雑性がどんどん増加するような新しいパターンが、次から次へとつくり出される。時には系が大変強く駆動され、系は乱流状態になることがある。この場合、構成要素が選択できる場合の数があまりにも多くて、系のふるまいは決して落ち着くことはない。

まとめると、シナジェティクスは一般に、次のような形式の方程式を扱っている。

$$\dot{\boldsymbol{q}} = \boldsymbol{N}(\boldsymbol{q},\ パラメータ,\ ノイズ) \qquad (1)$$

ここで、ドットは時間に関する微分を表し、$\boldsymbol{q}$は潜在的に高次元の状態ベクトルであり、方程式（1）で系の状態を特定する。そして$\boldsymbol{N}$は、状態ベクトルの非線形関数であり、系に作用するランダムカと同様、多くのパラメータ（時間も含む）に依存するであろう。一般に、（1）式のパラメータが連続的に変わるとき、対応する（1）式の解も連続的に変化する。しかしながら、コントロールパラメータが連続的に変化してある臨界値を超えると、系のふるまいは、質的に、あるいは不連続に変化するであろう。そのような系の質的な変化は自発的（自己組織的）なパターン形成を伴い、それは常に不安定性を経て起こる。「非平衡相転移」（この言葉はゆらぎの効果を含んでいるため、物理学者には好まれている）、または「分岐」（力学系の理論で使われている数学用語）において発生するパターンは、集団的な変数や秩序変数の動力学における「アトラクタ」として定義される（これらの用語についての議論は、次節で、さらに生物的な協同作用という文脈で行う）。非平衡系は「散逸的」なので、集団変数の動力学にも引力的状態が存在する。すなわち、多くの異なる初期条件をもつ独立な軌跡が、やがて、ある極限集合か、アトラクタ解へと収束する。しばしば、安定平衡点、リミットサイクル、そしてカオス的解――そしてまた、さまざまな過渡的でより複雑なふるまい――というようなものが、パラメータの値に応じて「同じ」系において存在しうる。そして、ここに、複雑な生き物を取り扱うための、自然界の中心課題の一つがある（Kelso 1988）。すなわち、「物質的な複雑性」は、不安定性の近傍においては圧縮されてしまい（これはシナジェティクスの隷属化原理によって示した）、集団変数あるいは秩序変数によって記述される低次元のふるまいを生じる。この結果できあがったパターンの動力学は非線形であり、そこから極めて豊かな「行動の複雑さ」が生まれ、その中には確率的な特徴、あるいはまた決定論的カオスが含まれている。このシナリオは、シュレーディンガー（一九四四）によって提唱された無秩序―秩序、秩序

―秩序の原理に対して概念的かつ数学的な基礎を与え、さらに進化的な、秩序からカオスへという、開いた散逸系の原理を付け加えているのである。後者には「新しい物理」がぎっしり詰まっている。

生き物に見られる協同作用の動力学

私は協同作用という問題を避けて通り、なおかつ生命の物理的基礎を理解するようないかなる方法も知らない。

（ハワード・パテー）

現代の分子生物学の成功にもかかわらず、あるいは成功ゆえに、全生物学にとって未解決の大問題が残っている。すなわち、複雑な生き物がいかにして時間・空間の中で統制されているかである。古典力学も量子力学も（ホーキング、ペンローズやワインバーグの宣言にもかかわらず）、どちらも有機的で特異的な協同作用について、いかなる洞察も与えていない。私たちは、極端な条件を除いて、物質のふるまいに関する法則（通常の物理や科学の法則）をすべて知っていると主張するにもかかわらず、そのような法則は、どのようにして、あるいはなぜ私たちが通りを歩いていくかということに関して、ほんの少しの説明も与えない。

ハワード・パテーがずっと前に言ったとおり（Howard Pattee 1976）、生命の謎は分子生物学によって解き明かされてきた。しかし、生命には細胞反応の化学以上のものがあるのである。そのような反応の協同作用の起源と性質は、依然としてあいまいなままである。ここでちょっと、生体をつくる個々の要素がお互いを無視し、お互いどうしでも、あるいはその周囲とも相互作用をしないという場合を想定してみよう。そのような系は、構造も機能ももたないであろう。どのような表現のレベルを研究対象として選択するかによらず（それはもし私たちがそうしているように、ある一つのレベルが他のものに対して「存在論的」な優位性をもつことはないと信ずるならば、科学者の個人的な選択の問題である）、自由度というものは（少なくとも過度的に）「結合」している、あるいは機能的に連結しているのである。例えば、脳の場合では、一つ一つの神経細胞は、考えたり、においをかいだり、行動したり、記憶したりすることはない。そのかわり、神経細胞はお互い協力し合って、一時的にコヒーレントなグループをつくり、私たちが認識の機能と呼んでいるものをつくり出しているように見える。生き物の中での協同作用を理解するための本質的な問いは、基本的な相互作用がとる形態、つまりそれがいかにして生じ、なぜそのようになっているのかということである。

これらの問いに対する予想される答えは、少なくとも初歩的な形式においては、初等協同作用動力学と呼べるようなものの中にある（Kelso 1990, 1994）。「初等」という言葉の意味は、それが単純な数学的な形式であって（とはいうものの、問題の本質が失われるほど単純ではない）、それにもかかわらず、他の問題を理解するための基礎を与えるということである。ここで言う他の問題とは、学習や、環境に対する順応、これらの過程と脳機能との関係である。言うまでもないことだが、初等協同作用動力学は、自己組織化とパターン形成の概念を、その理論的に動機づけられた実験的戦略として用いており（Haken 1977）、また結合した非線形系の動力学を、協同作用によるパターン形成と、その変化がどのように行われるのか（連続的か離散的か）を、正確に表現するために用いている。

それでは、協同作用の基本法則をどのように見つけたらよいだろう。別の言い方をすると、いかにして複雑な系に対して意味のある集団的変数を見出し、ある選ばれた観測レベルにおける、それらの変数の動力学を見つけるかということである。シナジェティクスに沿うならば、相転移（または分岐）は、「意味をもつ」自由度がふつう知られていない、複雑な生き物の理論上の理解を発展させるための、特別な入り口を提供している。その理由は以下のとおりである。すなわち、定性的な変化が起これば、あるパターンと他のパターンの違いが明確にでき、そこでは、異なったパターンに対する集団変数と、パターンの動力学（多重安定性や安定性の喪失など）を特定できる。相転移の起こる臨界点の近くでは、パターンの安定性や柔軟性、そしてさらにその選択さえも支配している本質的な過程を明らかにできる。理論から誘導された観測（ゆらぎ、緩和時間、臨界点近傍での滞在時間など：以下参照）も、そのような過程を説明し、また、理論的な予測を試すのに役立つ（例えばSchöner & Kelso 1988a; Kelso, Ding & Schöner 1992）。また、不安定性を引き起こすような「制御」パラメータを決定することもできる。不安定性は、協同作用のパターンの間での柔軟な変化（スイッチなしのスイッチ作用）、つまりコヒーレントな状態に出たり入ったりするための、包括的なメカニズムを提供する。結局、異なるレベルに関する記述、すなわち協同作用のレベルか、あるいは個々の要素のレベルかということは、個々の（結合していない）要素の動力学と、それらの間の非線形結合の研究を通して関係づけられるのである。

まったく奇妙なことだが、基本的な協同作用の法則は、まず最初にヒトの運動筋肉の協同作用において理解されるところとなった(Haken, Kelso & Bunz 1985; Schöner, Haken & Kelso 1986)。これらをもたらしたのは、手の動きのパターンに見られる自発的で不随意的な変化の実験的発見であり(Kelso 1981; 1984)、それは、動物が歩き方を変えるときに起こる時空間的な再配列と、おそらく類似のものなのである(Shik, Severin & Orlovski 1966を見よ)。ヒトの被験者が、両方の人さし指を互いに交互に位相をずらしてリズミカルに動かすように求められ、また、その周波数を系統的に上げていくときに、対称な、すなわち同位相のパターンへと自発的に遷移するのが観測される。周波数を低くしていくときには、同位相の状態から逆位相の状態への遷移はまったく観測されない。同様に、系を同位相のパターンにしておいて周波数を増加させたときにも、逆位相の協同作用への遷移は決して起こらない。

この単純な実験の例は、複雑な生物系における初等的な協同作用的連関をよく表している。それは、自己組織化のもつ「本質的に非線形な」性質である、多重安定性(二つの協同作用の状態が同一のパラメータに対して共存すること)と、一つの秩序から他の秩序状態への相転移、そして履歴現象、原始的なメモリを含んでいる。

すべての実験結果を捕らえた、最も単純な協同作用の動力学は、

$$\dot{\phi} = -a \sin \phi - 2b \sin 2\phi \qquad (2)$$

である。ここで、ϕは二つのリズミカルに相互作用している成分の間の相対的な位相であり、比b/aはその運動の周期t、つまり周波数の逆数に相当するコントロールパラメータである。ϕを協同作

用の意味ある秩序パラメータであると考えることには、もっともな理由がある。第一に、ϕは要素間の時間空間的秩序を捕らえている。他のすべてのオブザーバブルは、いわば位相関係に「隷属」する。第二に、ϕは個々の要素のふるまいを記述する変数に比べて、ずっとゆっくり変化する。第三に、ϕは相転移のときに急激に変化する。方程式（2）の動力学は、ポテンシャル関数$V(\phi)$という地形の中を動き回る粒子として、視覚化することができる。したがって、方程式（2）は、次の方程式と同等である。

$$\dot{\phi} = -\frac{\partial V(\phi)}{\partial \phi} \quad \text{ただし、} \quad V(\phi) = -a\cos\phi - b\cos 2\phi \qquad (3)$$

異なる運動、つまり異なるb/aの比に対して、ポテンシャルの地形、あるいは「アトラクタの配置図」が、図4にプロットされている（上段）。

　このいわゆるHKB力学、方程式（2）と（3）は、観測された協同作用の事実とよく合っている。（一）二つの安定平衡点アトラクタをもち、それは位相と周波数が$\phi=0$（同位相）と$\phi=\pm\pi$（逆位相）ラジアンに固定された状態に対応している。b/aの小さい値に対して、両方の協同作用モードは共存する。そのどちらが観測されるかは初期条件による。これは、「二重安定性」のもつ本質的に非線形な性質である。（二）比b/aがさらに小さくなると、πにおける平衡点は安定性を喪失し、どんな小さなゆらぎでも、その系をただ一つ残っている$\phi=0$にある安定平衡点に蹴り込んでしまう。この「自発的相転移」点の向こうでは、$\phi=0$における対称的なパターンのみが安定であ

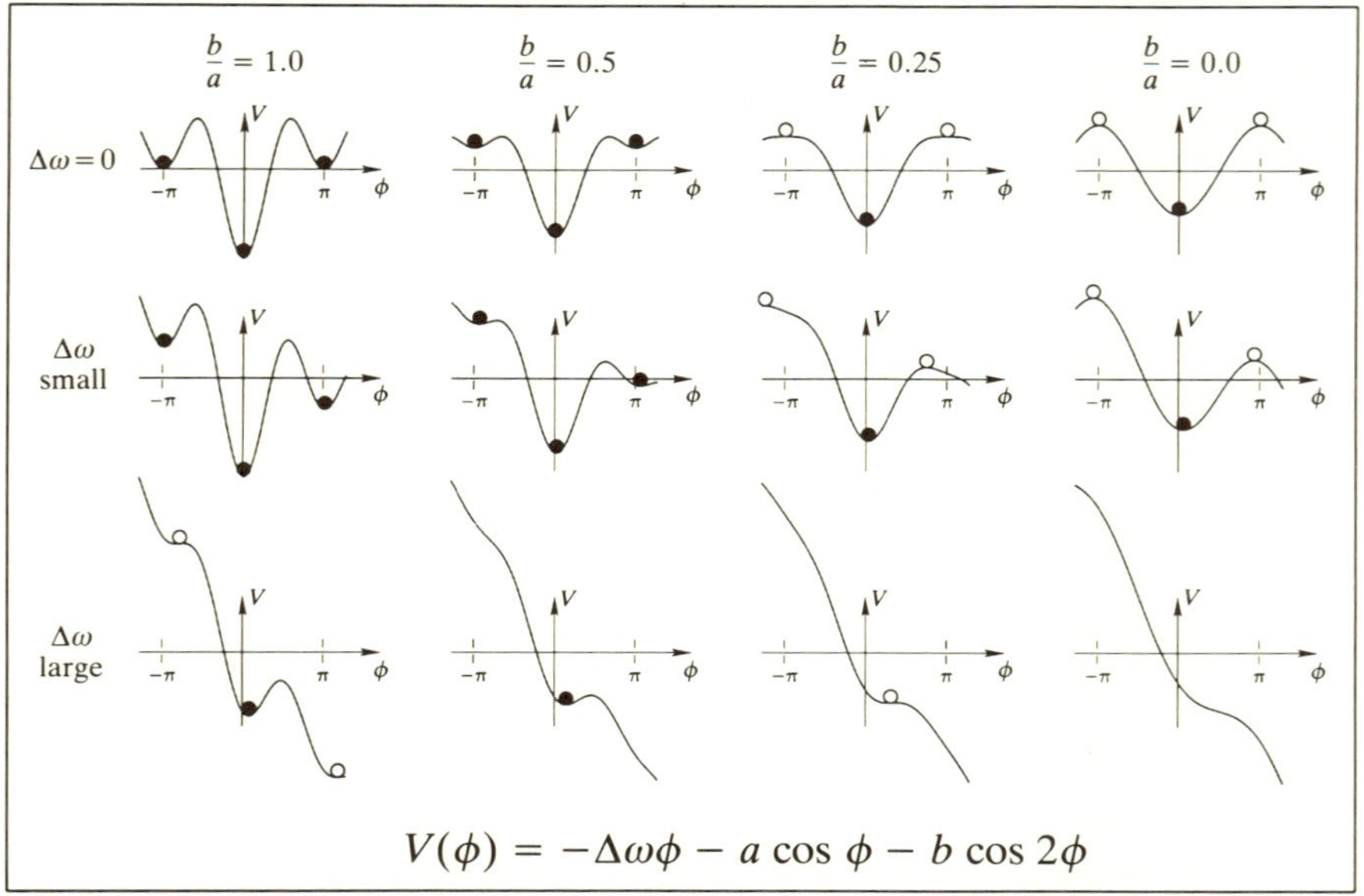

図 4　HKB ポテンシャルを比 b/a の関数として異なるいくつかの $\Delta\omega$ に対して描いた図。●は安定平衡点となるアトラクタを示す。○は不安定平衡点。上段は $\Delta\omega=0$，ポテンシャルの形は対称で $f=0, \pm p$ で極小値をとる（本文を参照）。中段，$\Delta\omega$ が小さいとき，ポテンシャルの形は非対称となり，極小値はわずかにシフトする。下段，$\Delta\omega$ が大きいとき，$f=0$ の近傍の最小値のみが初期状態では安定で，それもまた消えゆく。それ以前安定であった平衡点の「生残者」があるパラメータの値 b/a において，どのようにそこにとどまっているかに注意。

る。そして、(三) コントロールパラメータが変わる向きが逆になった場合には、その協同作用系は、同位相状態のアトラクタに留まっている。この履歴現象は、$\phi=0$ における平衡点が常に安定であることによる。

基本的な協同作用動力学方程式 (2) と (3) は、数多くの方法で拡張されているが、ここでは、それについて簡単に述べるに留める。拡張のいくつかは次のとおりである。

● 方程式 (2) および (3) に対して確率的な力を導入すると、不安定性の近傍にある「臨界減速」と「臨界ゆらぎ」についての予測がなされる (Haken et al. 1985; Schöner et al. 1986)。これらの予測は、図4 (上段) から容易に直感できる。$\phi=\pi$ における極小点がだんだん浅くなるにつれ、その系が小さなゆらぎから回復するのに、長い時間かかるようになる。したがって、不安定性に近づくほど、緩和時間は増えると予想される。なぜならば、復元力 (ポテンシャルの勾配) がより小さくなるからである (臨界減速)。同様に、ϕ の可変性は、転移点近傍のポテンシャルの平坦化によって増加する (臨界ゆらぎ) と期待される。この二つの予測は、非常に多くの実験系によって確認されている (Buchanan & Kelso 1993; Kelso & Scholz 1985; Kelso, Scholz & Schöner 1986; Scholz, Kelso & Schöner 1987; Schmidt, Carello & Turvey 1990; Wimmers, Beek & van Wieringen 1992)。

● 特異パラメータの変化に伴う影響は、方程式 (2) に組み込まれている。例えば、ある特定のパターンが環境によって指定されたときの学習と意志がそれである (Kelso, Scholz &

Schöner 1988; Schöner & Kelso 1988b; Zanone & Kelso 1992)。方程式（2）では、協同作用パターンが、「非特異」パラメータの影響によって形成され、また変化するが（つまりコントロールパラメータb/aは、その系を単に集団的な状態を通して動かすのであり、その系を規定することはしない）、この式を知ることの利点は、種々の原因によってもたらされる「特異」パラメータを動力学的に表現できることにある（すなわち「強制力」というものが厳密に同じ言葉として秩序変数として定義されるように）。これの概念上の利益は、（特異的な）情報と（非特異的な、内在する）動力学の間の二重性が除去されることである。この体系に従えば、生き物にとって、情報は、秩序変数の動力学に寄与し、要求される協同作用パターンへと引き込むという点においてのみ意味をもち、特異的となるのである。そのような理論的な見通しが、生命の現実的な問題に対していったい貢献できるのかどうか（Rosen 1991）、すなわちいかにしてDNAやRNAの配列のホロノームな（象徴的で、反応速度に依存しない）秩序特性が、表現型に現れるノンホロノームな（動作し、反応速度に依存する）秩序へと移っていくかということは、まだよくわかっていない。むしろ、ここで示した解析は、問題の再定式化を示唆している。ここでは、自己組織型の協同作用を示す（2）式のような法則は、その根本において「情報」構造をもつ。同定された秩序変数ϕは、種々の異なる物体間のコヒーレントな関係を捕らえている。通常の物理学とは異なり、生物学的協同作用に対する秩序変数は、状況依存のもので、本来的に系の機能に対して意味をもつものである。生命体にとって、それぞれの部分の間の協同作用関係、あるいはそれ自身と環境との関係を特定している情報よりも、さらに意味をもつようなものがいったいありうるのかと、私たちは問うのである。

●系の構成要素が同一でない場合に合わせるために、方程式（2）に対称性を破る項を含めることができる。例えば、結合していない状況での各構成要素が、異なる固有振動数をもつような場合である。方程式（2）は、対称な協同作用の法則であることに注意せよ。この系は 2π の周期をもち、左右の折り返し（ϕ を $-\phi$ にすること）に対して不変である。自然界はもちろん破れた対称性の上に栄えており、その原因と結果は、ともに生き物のもつ多様性に起因している。協同作用動力学方程式（2）は、定数項 $\Delta\omega$ をつけ足すことによって直ちに、対称性が破れた場合を組み込むように拡張できる。この $\Delta\omega$ は（結合していない状態においての）成分間の差に等しい（Kelso, DelColle & Schöner 1990）。いま確率的な力を無視するならば、その動力学は、

$$\dot{\phi} = \Delta\omega - a\sin\phi - 2b\sin 2\phi,$$
$$V(\phi) = -\Delta\omega\phi - a\cos\phi - b\cos 2\phi \qquad (4)$$

の式を、それぞれ運動方程式とポテンシャルとするものになる。図4の中段と下段は、異なる $\Delta\omega$ の値に対するアトラクタ配置の発展を示している。この拡張は、対称性の破れによって起こる二つの重要な結果を予言する。第一は、$\Delta\omega$ の小さい値に対しては、ポテンシャルの極小値がもはや $\phi=0$ や $\phi=\pi$ にはなく、系統だってシフトしていることを予測する。第二に、$\Delta\omega$ の十分大きい値に対しては、アトラクタ配置には、もはや局所的な最小値はなくなり、つ

まり安定平衡点が消滅し、相対的な位相がどんどんずれていく。この二つの予測のどちらもまた実験的に観察されている（Kelso et al. 1990; Kelso & Jeka 1992; Schmidt, Shaw & Turvey 1993; Swinnen et al. 1994も参照）。

図4の下段に注意してほしい。そこには、もはや厳密な協同作用がないにもかかわらず、完全な協同作用状態にある「生存者」または「幽霊」が、$\phi=0$の近傍に残っている。これは、「間欠」という名前がつけられていて、低次元系で接線近く、または鞍点-結節点分岐の近くにおいて、よく見られる過程の一つを表している。協同作用の動力学における対称性の破れの結果、その系は、完全な協同作用の代わりに、それぞれの要素間の部分的なまたは相対的な協同作用を示すようになる。相対的な協同作用は、フォン・ホルスト（von Holst 1939）がずっと以前に指摘したように、「中枢神経における目に見えない駆動力を可視化する方法を与える、神経の協力現象の一種」である。この効果は、一方では完全な協同作用へと向かおうとする傾向（位相と周波数の固定化）と、また他方、個々の要素の固有の空間的時間的変動を、その他の要素に対して示そうとする傾向の、二つの「競合」によって生じる。私たちはこの様子を、協同作用の力学方程式（4）にたやすく見てとることができる。そこでは、比b/aは0とπにおける、相を引き込もうとする固有の状態の相対的重要度を表し、$\Delta\omega$は各成分間の周波数の差に対応する。「間欠」という力学的機構をもつ、より変わりやすく、可塑性に富み、流動的な相対的協同作用の存在の確認（Kelso, DeGuzman & Holroyd 1991）は、生命系が規則的なふるまいと不規則的なふるまいの境界近くに存在する傾向があるという、創発的進化説と一致し

ている（Kauffman 1993）。モードロック状態の境界の近くにある、戦略的で間欠的な領域を占めることによって、生き物（そして以下に見るように脳自身）は、安定性と、準安定な協同作用状態の間を柔軟にスイッチする能力という、必要とされる混ぜ合わせを与えられているのである。

●方程式（2）と（4）を、多重で構造的に異なった要素間の協同作用に対しても定式化できることは明らかである（例えば Collins & Stewart 1993; Schöner, Jiang & Kelso 1990; Jeka, Kelso & Kiemel 1993）。実験的な研究によって、こうした個々の要素を非線形振動子――時間に依存するふるまいの原形――とみなすことができることが確認されており、それが規則的であれ、不規則なものであれ、単一周波数的でないふるまいの動力学の基本的な構成要素となる（Bergé et al. 1984）。最近になって、ジルサ、フリードリッヒ、ハーケン、ケルソーは、原型のＨＫＢ結合、すなわち、αとβを結合パラメータ、X_1とX_2を持続する非線形振動子に対応させるとき、式

$$K_{12} = (\dot{X}_1 - \dot{X}_2)\{\alpha + \beta(X_1 - X_2)^2\} \tag{5}$$

が、基本的な生物物理的な結合となるであろうと仮定した（Jirsa, Friedrich, Haken & Kelso 1994）。その理由は、方程式（5）が、生き物にとって極めて重大な性質を保証するように構成要素を結合させる、最も単純な方法だからである。その性質とは、すなわち、多重安定性、柔軟性、協同作用状態間の相転移である。他の理由はもちろん、基本的な自己組織化した協同

作用系の動力学、方程式（2）と（4）が、方程式（5）から導かれるからである。

まとめると、方程式（5）と（4）は、それぞれ結合と協同作用の初等的な形式を表している。基本的な協同作用動力学が含むのは、（a）協同作用のまったくないもの、（b）完全な協同作用（二つまたはそれ以上の要素が同じ周波数で同期して、定まった関係を維持する場合）、そして、（c）相対的な協同作用（各要素の周波数が異なっている場合でさえも働く、位相を引き込む傾向）である。これらすべての自己組織化の異なった形態には、一つの説明が与えられる。すなわち、これらは、ある特定された協同作用動力学における、異なったパラメータの状況において出現する。そのような力学の核心には、時空間的な対称性が存在し、それらが破られた場合には、パターン形成、パターンスイッチング、間欠を含む、生き物に対する事象の構造が生み出されるのである。動力学、方程式（2）、（3）、（4）は、実験的には、（a）生物体の要素間の協同作用、（b）生物体それら自身の協同作用、（c）生物体とそれを取り巻く環境との協同作用を表しており（Kelso 1994のレビュー参照）、そして、さらなる理論的、実験的な発展のための基盤となるのである。そのうちの一つを次に取り上げる。

脳における自己組織化

脳はそれ自体、自己組織化されたパターン形成系なのだろうか。特に、相転移現象が脳の中に存在するのだろうか、そしてもしそうなら、それはいったいどのような形態をとるのであろうか。シェリントンの「魔法の織機」の空間と時間の中にある、数限りない複雑なパターンを捕らえることが、どのようにしてできるのだろうか。これらの問いに答えるには、最低三つのことが必要である。すなわち、適切な理論的概念の集合とそれに対応する方法論的戦略、脳のグローバルなダイナミクスを解析できるような技術、複雑さを取り払い、なおかつ最も基本的な様相は残すようなクリーンな実験処方である。本節では、上記の三つの性質を組み込むことを試みた最近の仕事について、手短に述べる（Kelso et al. 1991, 1992; Fuchs, Kelso & Haken 1992; Fuchs & Kelso 1993 参照）。

これから紹介する実験は、ケルソー、デェルコール、シェーナーによって導入された（Kelso, DelColle and Schöner 1990）、パラダイムにおける感覚‐運動的協同作用における相転移に関係している。被験者は周期的な音響刺激にさらされ、二つの連続的な音の間の切れ目にボタンを押すように指示される。つまり刺激に対してシンコペーションするのである（Wallenstein, Bressler, Fuchs & Kelso 1993 も参照せよ）。刺激となる音の周波数は、最初一ヘルツから始まって、音節一〇個ごとに〇・二五ヘルツずつ八ステップ増加させる。ある臨界周波数において、被験者はもはや音刺激にシンコペーションできなくなり、刺激に同期した協同作用パターンへと自発的にスイッチしてしまう。こうした試行の間、脳の活性は、三七個のＳＱＵＩＤのアレイを用いて記録される。それは図5のa、b、cに示すように左側の側頭葉に置かれている。ＳＱＵＩＤは超伝導量子干渉系の略である。これを用いると脳の中にあるニューロンの樹状突起を流れる電流によってつくられる時空的パターンにアクセスできる。頭蓋骨と頭皮は脳の内部でできた磁場に対して透明であり、検出器のアレイが人の大脳新皮質の全体を覆うほど大きいので、この新しい研究機器（ＳＱＵＩ

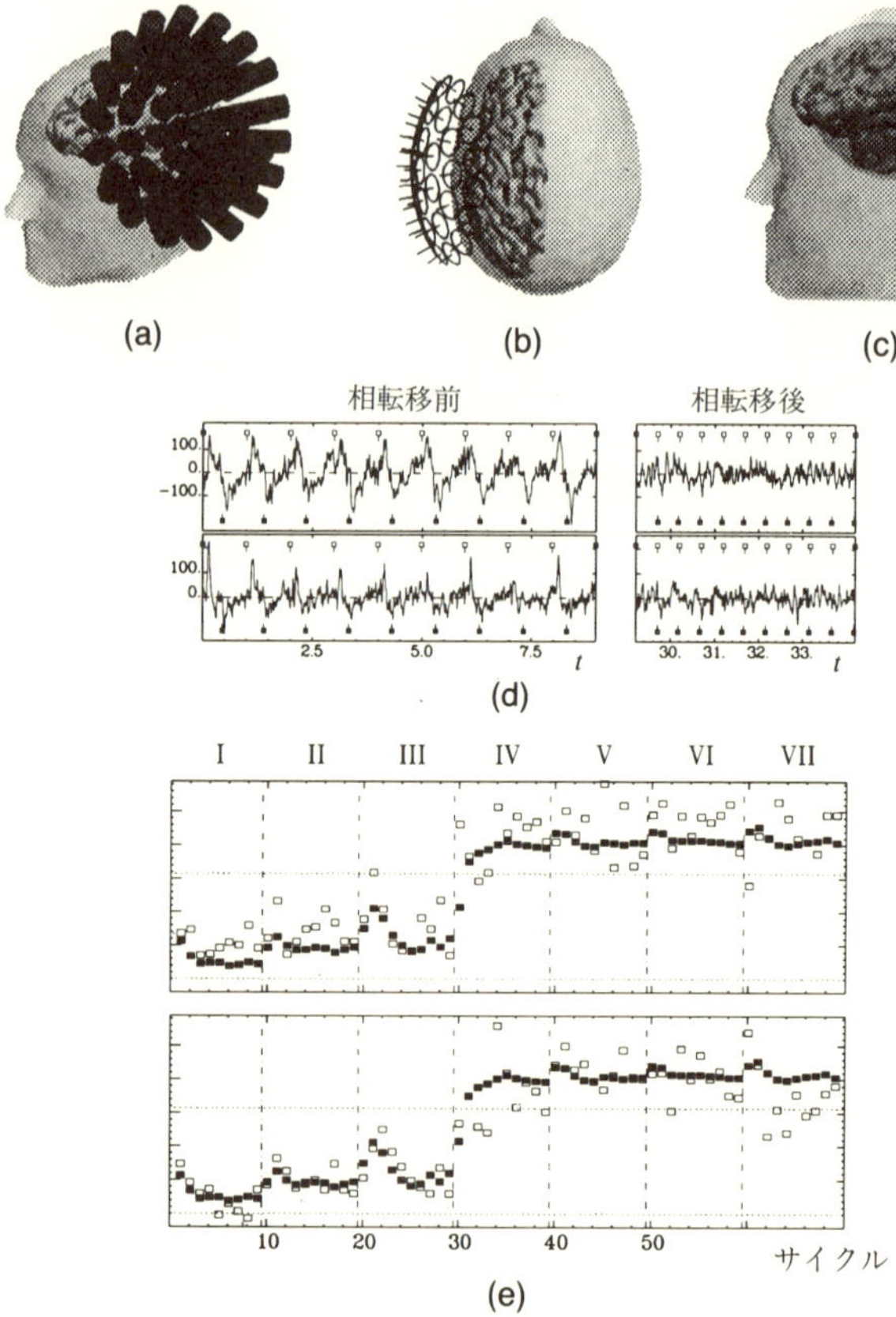

図 5　(a) 被験者の頭部と SQUID の検出器配置の模型。(b) MRI を用いた，皮質のモデルの構成。スライスは冠状縫合面内で 3.5 ミリメートル間隔。個々の SQUID 検出器の位置と方向が重ねて示してある。(c) SQUID によって検出された磁場の活動度の例が脳皮質に対するモデルの上に示されている。(d) 相転移前後における 2 つの検出器からのシグナルの時系列。(e) それぞれの実験サイクルでの刺激周波数においての行動に似ていてその時間全体で計算した相対位相（y 軸，■）と 2 つのセンサーからの信号（□）の相対的な位相（y 軸）を 2 つ重ねて示してある。詳細は本文を参照。

D）は脳の時空的組織化を見るための窓となる。そして、リアルタイムで行動に関係している変化が検出できる。

図5dは、二つのSQUIDセンサーからの平均化したデータで、シンコペーションから同期へと行動的転移をする前後のデータを示している。□は刺激が起きた時刻を示している。■は右手指でボタンを押した時刻を示している。転移の前は、刺激と応答は逆位相である。転移の後では、被験者の反応は刺激と位相が合っている。脳の神経活動度は、この認識活動課題をこなしている間、特に前転移領域において、非常に強い周期性を示している。転移後には、振幅は減少し（動作は速くなるにもかかわらず）、シグナルはよりノイズが多くなっているように見える。この結果は一見逆説的であるが、極めて興味深いものである。一方では、行動の同期はシンコペーションよりも安定である。他方では、同期している間の脳の活動は、シンコペーションしているときよりもコヒーレンスが悪くなっていることが図5dから容易にわかる。課題として与えられた条件の難易度が、信号のコヒーレンスを決めているように見える。

最も著しい結果は、図5eに示されている。そこでは、刺激と応答の相対的な位相（■）と、刺激と二つの代表的なSQUIDセンサーからの脳信号との相対的な位相差（□）を重ねて示してある（完全なデータは Kelso et al. 1992 を参照）。縦の点線は、実験において刺激の周波数がそこで変わったことを示している。水平な線の方は、πラジアンの位相差を示している。予想されるように、SQUIDから得られたデータは、行動から得られたデータよりも雑音が多い。しかしながら、脳と行動の両方において見られる相転移は、明らかに相対的な位相差の変化のデータに現れている。

それは典型的には、上方へシフトし、スイッチングの前にはゆらぎを示す。それは不安定性へと近づきつつあることの確かな徴候である。臨界減速は、臨界点に近づくにつれて、脳も行動もともに、「同じ」大きさの摂動（〇・二五ヘルツステップの変化）に対してより大きく乱されるようになってくるという事実に示されている。つまり、相転移が近づくにつれて、乱される以前の相対的な位相へと戻るまでの時間がどんどん長くなっていく。言い換えれば、パターン形成とスイッチングが、動的な不安定性という形態をとっているのである。注目すべきことに、脳と行動の両方のシグナルのコヒーレンスは、同一の巨視的な秩序変数、すなわち相対位相を用いて捕らえることができるのである。脳と行動の事象の間には、いわば抽象的な「秩序変数同形写像」が存在するといえる。

三七個のセンサーの空間的配置全体の時間発展を特徴づけるために、KL（Karhunen-Loève）法を用いて成分分解が行われた（Friedrich, Fuchs & Haken 1991; Fuchs, Kelso & Haken 1992）。この手法はまた、主成分分析あるいは特異値分解としても知られている。時間空間的シグナル $\boldsymbol{H}(\boldsymbol{x},t)$ は、時間とは無関係な空間的モード $\phi_i(\boldsymbol{x})$ に分解でき、それに対応する振幅は、$\xi_i(t)$ で表される。

$$\boldsymbol{H}(\boldsymbol{x},t) = \sum_{i=1}^{N} \xi_i(t)\phi_i(\boldsymbol{x}) \quad (6)$$

もし関数 $\phi_i(\boldsymbol{x})$ が適当に選ばれたのならば、この展開式を小さなN（例えば$N<5\sim10$）で打ち切ったものは、もとのデータの集合に対するよい近似を与える。KL分解は、それぞれの打ち切り点に対する平均二乗誤差を最小にするという意味で最適である。そして、脳のシグナルにおける

変化の大部分を説明するためには、ほんの数個のモードが必要になるだけだということが判明する。

図6の上段と中段の図は、KL近似法によって得られた関数の空間的な形と、二つの最も支配的なモードの振幅、つまり二つの最も大きな固有値を示している。信号のパワーのほぼ六〇%を担う図の上段のモードには、強い周期性成分が時系列全体を通して明確に現れている。しかし、そのスペクトルは、相転移の前と後の領域の間において、定性的な変化を示している。前転移状況においては、動力学は、行動を刺激する、あるいは反応の周波数で振動する、第一KLモードによって支配されている。相転移点において切り替えが起こり、第二のKLモードは、刺激周波数の二倍の、大きな周波数成分を示すものとなる（図6の中段）。

前に述べたとおり、シンコペーション（逆位相の）パターンは、ある臨界周波数を超えると安定でなくなり、同期した（同位相の）パターンへの自発的なスイッチ現象が観測される。図6の下段に見られるように、第一KLモード（■）は、転移点において明瞭な位相πの転移を示す。ここで注意しなければならないことは、脳のシグナルの位相と、感覚‐運動行動の位相は、前転移領域ではほとんど同じであるが、相転移後には、感覚‐運動行動がより規則的になっていくにもかかわらず、脳のシグナルはぼやけていってしまうことである。弛緩した行動、すなわち臨界減速の典型が、ここで再び明らかになっている。

要約すると、脳はとてつもない異種の構造を有し、その動力学も一般的に非定常的であるにもかかわらず、なおはっきり定まった条件の下で、パターンを形成する特性を示すことが可能なのである。コヒーレンスのない、自発的なあるいは休止した状態から、脳は意味のある課題に向き合えば

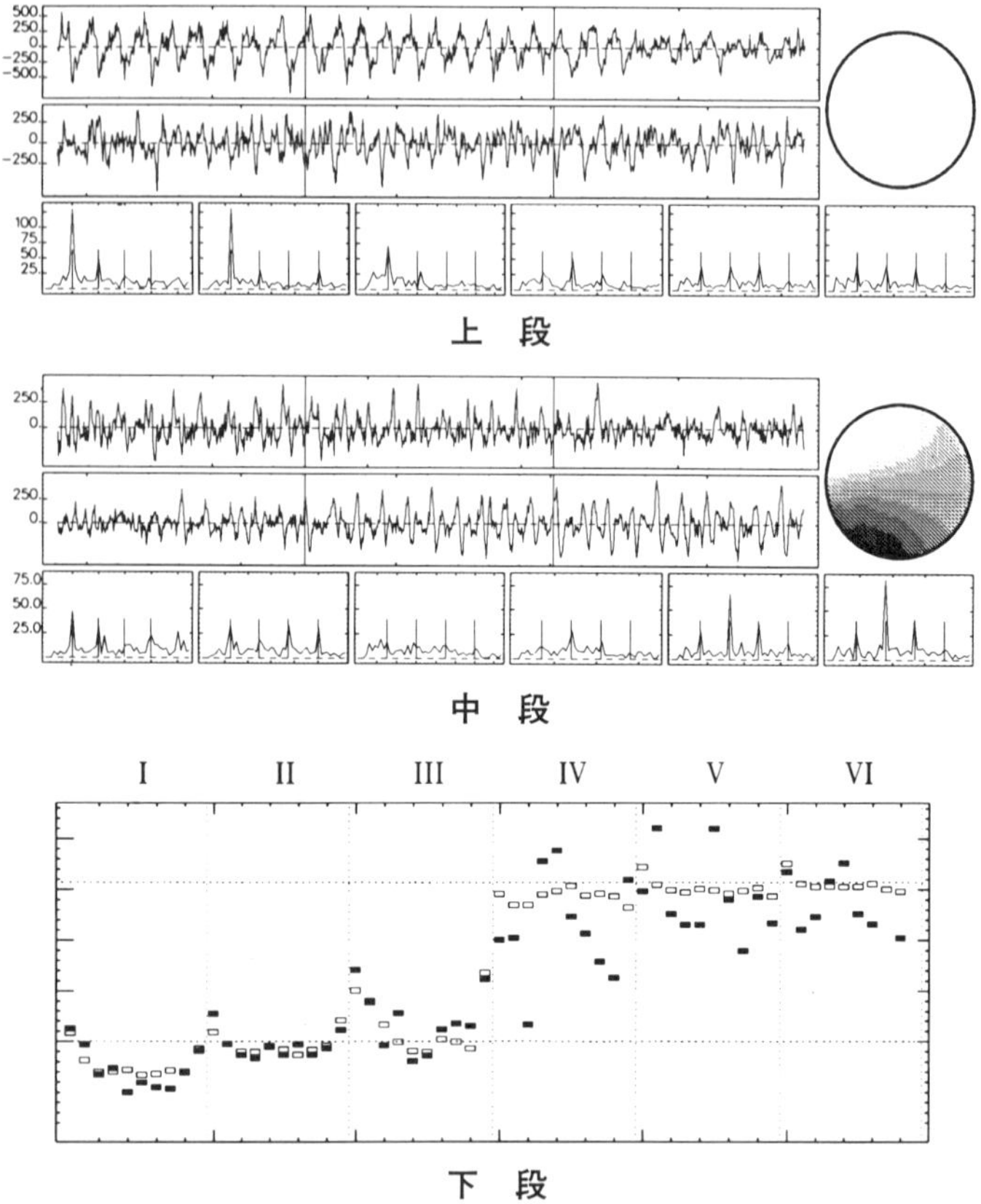

図 6　最初の 2 つの空間（KL）モードの動力学。2 つのモードで信号列の分散の約 75 %を捕らえている。上段（右），支配的な KL モード。Ⅰ からⅣのそれぞれの周波数平坦領域における振幅とパワースペクトル。中段（右），2 番目の KL モードとそれに対する振幅とパワースペクトル。下段，刺激に対する行動の相対位相を□で，刺激に対する上段のモードの振幅の変動の相対位相を■で表す。これら三つのすべてのデータがプラトーⅣのはじめのところで質的な変化を示していることに注意せよ。

直ちに、コヒーレントな時間的空間パターンを提示することができるのである。シナジェティクスによって研究される、多くの複雑で非平衡な系と同様に、コントロールパラメータの臨界値において、脳も時空パターンを自発的に変化させる。そして、それは例えば、相対位相や空間モードのスペクトル的性質その他として測られる。注目すべきことに、こうした諸量は、自己組織的（シナジェティク）な系におけるパターン形成の不安定性の予想された徴候を示しているということである。現行の理論的な研究は、ここで観測されたような動力学をモデル化することに向けられている。六四個のセンサーアレイによる、頭部全体を用いた実験研究も最近行われている。何百万もの飛び交う織機の杼（ひ）が、決してそのまま続くことのない、しかし常に意味のあるパターンを織り上げていくという、シェリントンの魔法の織機という美しい影像が、現実のものとなりはじめているように思われる。

結びの考察

長い間、著名な生物学者たちは、無生物を対象とする科学の方法を、特に脳を有し、意志をもつ生き物を扱う科学に適応することは、まったく不適当であるといってきた。ところが、一方、著名な物理学者たちが生き物の意識のようなエキゾチックな性質を考察するにいたったときには、その手がかりとして、量子論や相対論などの種々の物理理論の間の結びつきに着目したのである。しかし、なぜ、開いた非平衡系の協力現象や自己組織化の物理が、そのどちらの学派からも無視されてきたのかは、ただただ不可思議である。特に、シナジェティクスとその関連の手法は、自然が巨視的なスケールで「新しい」形態を創造するときに、まさにそれと同じ原理を用いていることをくり返して示してきたのである。これらは、系の全体としての性質である。すなわちそれらは明白に集団的であり、(一般に)それらを支える物質とはまったく無関係なものなのである。ある種の条件の下では、ごくありきたりの物質が、自発的なパターン形成、パターン変化、形態の創出と消滅とを含む、あたかも「生命」のような驚くべきふるまいを示すのである。本章では、そのような可能性の薫りをほんの少し提示したのみである。しかし、この議論が、さらに、生き物とは「基本的に」非平衡系であって、そこでは比較的自律的な方法で新しいパターンが創発し、それ自身を持続させるという論題の、今後の探究を勇気づけることを期待している。

さて、それでは、生と死をわけるものはいったい何であろうか。シュレーディンガーは、「秩序から秩序の原理」や「負のエントロピーの補給」、「非周期性固体」というようなアイディアを提唱した。後者に注目して、生化学が進展し、分子生物学が生み出されたが、さほど新しい物理は出てこなかった。けれども、開いた非平衡系は、生き物の組織化についてたくさんのことを私たちに教えており、逆もまた同様であるということができる。ここにまとめられた証拠のいくつかは、人間の脳を含む生き物は、系が柔軟にスイッチできる不安定性の近くに保たれた、準安定的な協同作用状態に存続する傾向にあることを示している。彼ら生き物は臨界近くに生き、そこでは彼らは未来を見越しており、単に現状に反応しているだけではないのである。こうしたすべての事がらは、自己組織化という新しい物理を含んでおり、それに付随して、現象のいかなる単一レベルも、他のレベルに比べてより基本的であるとかないとかいうことはないのである。

たいていの生物学の主流をなす考え方では、生物学的な組織化の主な源は、その開放性ではなく、生体がプログラムによって管理されていることであるとされている。多くの遺伝学者や生物学者にとっては、生き物のテレオノミー（進化論的合目的性）な性質は、特異的に「遺伝プログラム」に依存しているのである。生物体はこの特性を、人の造った機械と共有しており、これがそれらを動かないものと区別するものである。そのような観点から見るならば、私たちはただ、生き物のゴールを目指す性質に対して、因果的原因となるようなプログラムが存在するということを知りさえすればよいのである。この場合、そのプログラムがどのようにして生まれてくるかということはまったく無意味である。

開いた非平衡系における自己組織化の物理は、ゲノムなしでも、すでに「生き物のような」性質をもたらすのである。ロバート・ローゼンは、開放系の自由な行動は、まさにメンデルの遺伝子が「強制する」ようなものであることを示唆している（Robert Rosen 1991）。しかし、遺伝子を、たとえ概念的にせよ、細胞にそれらを組織化するための指示を送っているものだと考えるならば、それは遺伝子の複雑性を過小評価することになる。遺伝物質を知れば知るほど、遺伝子それ自体が自己組織化された力学系のように見えてくる。結局、プログラムはプログラマーによって書かれているのである。だれが、あるいは何が、そのような遺伝的プログラムをプログラムしているのであろうか。

思弁的に、しかし真に還元主義者流に言うならば、遺伝子型と表現型の区別が消えてなくなるような日がいつか来るには違いない。ダーウィンは、そして後にはローレンツさえも、行動それ自身は、個体の生き残りを、そしてそれゆえ種の生き残りを推進する協同した作用から発生することに気づいていたのである。ここでも、他の場所でも、協同作用の基本的な形式のある部分は、自己組織化の原理に従っていることが示されてきた。それならば、遺伝子型と表現型の関係は、結局のところ、異なった時間のスケールでの、共通の自己組織化の動力学的作用として解釈されるのであろうか。もし、そうならば、シナジェティクスの隷属化原理に訴えることができよう。すなわち、ゆっくりと変化する量は、速やかに順応する構成要素を隷属させる秩序変数となることである。もしも、一つの種の遺伝子のプールを、個体（ヒト、動物、植物）の一生にわたってゆっくりと変化するものと考えれば、たしかに遺伝子は、個体を隷属させており、これはドーキンスの利己的遺伝子の命題（Dawkins 1976）を思い起こさせる。しかし、もし個体がそれ自身の遺伝子に影響を及ぼすことができるとしたら、いったい何が起こるだろうか。これは現状ではなお、はなはだ型破りな問いであって、ラマルク主義が再び頭を持ち上げることを意味する。ほかに、人に影響を及ぼすような秩序変数として、たしかに、言語や教養、科学その他がある。それらが、遺伝子とともに、個の形成に寄与しているのである。

引用文献

Babloyantz, A.（1986）. *Molecule, Dynamics and Life.* New York: Wiley.
Bak, P.（1993）. Self-organized criticality and gaia. In *Thinking about Biology*, eds. W. D. Stein & F. J.

Varela, pp. 255-268. Reading, MA: Addison-Wesley.
Bergé, P., Pomeau, Y. & Vidal, C. (1984). *Order Within Chaos*. Paris: Hermann.
Buchanan, J. J. & Kelso, J. A. S. (1993) Posturally induced transitions in rhythmic multijoint limb movements. *Experimental Brain Research* **94**, 131-142.
Collet, P. & Eckmann, J. P. (1990). *Instabilities and Fronts in Extended Systems*. Princeton, NJ: Princeton University Press.
Collins, J. J. & Stewart, I. N. (1993). Coupled nonlinear oscillators and the symmetries of animal gaits. *Journal of Nonlinear Science* **3**, 349-392.
Crick, F. H. C. (1966). *Of Molecules and Men*. Seattle: University of Washington Press.
Dawkins, R. (1976). *The Selfish Gene*. Oxford: Oxford University Press.
Dyson, F. (1985). *Origins of Life*. Cambridge: Cambridge University Press.
Friedrich, R., Fuchs, A. & Haken, H. (1991). In *Synergetics of Rhythms*, eds. H. Haken & H. P. Köpchen, Berlin: Springer.
Fuchs, A. & Kelso, J. A. S. (1993). Pattern formation in the human brain during qualitative changes in sensorimotor coordination. *World Congress on Neural Networks, 1993* **4**, 476-479.
Fuchs, A., Kelso, J. A. S. & Haken, H. (1992). Phase transitions in the human brain: spatial mode dynamics. *International Journal of Bifurcation and Chaos* **2**(4), 917-939.
Haken, H. (1969). Lecture at Stuttgart University.
Haken, H. (1975). Cooperative phenomena in systems far from thermal equilibrium and in non-physical systems. *Reviews of Modern Physics* **47**, 67-121.
Haken, H. (1977). *Synergetics: An Introduction*. Berlin: Springer.
Haken, H., Kelso, J. A. S. & Bunz, H. (1985). A theoretical model of phase transitions in human hand movements. *Biological Cybernetics* **51**, 347-356.
Ho, M. W. (in press). *The Rainbow and the Worm*. Singapore: World Scientific.
Iberall, A. S. & Soodak, H. (1987). A physics for complex systems. In *Self-organizing Systems: The Emergence of Order*, ed. F. E. Yates. New York and London: Plenum.
Jeka, J. J., Kelso, J. A. S. & Kiemel, T. (1993). Pattern switching in human multilimb coordination

dynamics. *Bulletin of Mathematical Biology* **55**(4), 829–845.

Jirsa, V. K., Friedrich, R., Haken, H. & Kelso, J. A. S. (1994). A theoretical model of phase transitions in the human brain. *Biological Cybernetics* **71**, 27–35.

Kauffman, S. A. (1993). *Origins of Order: Self-organization and Selection in Evolution.* Oxford: Oxford University Press.

Kelso, J. A. S. (1981). On the oscillatory basis of movement. *Bulletin of the Psychonomic Society* **18**, 63.

Kelso, J. A. S. (1984). Phase transitions and critical behavior in human bimanual coordination. *American Journal of Physiology: Regulatory, Integrative and Comparative Physiology* **15**, R1000–R1004.

Kelso, J. A. S. (1988). Introductory remarks: Dynamic patterns. In *Dynamic Patterns in Complex Systems*, eds. J. A. S. Kelso, A. J. Mandell & M. F. Shlesinger, pp. 1–5. Singapore: World Scientific.

Kelso, J. A. S. (1990). Phase transitions: foundations of behavior. In *Synergetics of Cognition*, ed. H. Haken, pp. 249–268. Berlin: Springer.

Kelso, J. A. S. (1994). Elementary coordination dynamics. In *Interlimb Coordination: Neural, Dynamical and Cognitive Constants*, eds. S. Swinnen, H. Heuer, J. Massion & P. Casaer. New York: Academic Press.

Kelso, J. A. S., Bressler, S. L., Buchanan, S., DeGuzman, G. C., Ding, M., Fuchs, A. & Holroyd, T. (1991). Cooperative and critical phenomena in the human brain revealed by multiple SQUIDS. In *Measuring Chaos in the Human Brain*, eds. D. Duke & W. Pritchard, pp. 97–112. Singapore: World Scientific.

Kelso, J. A. S., Bressler, S. L., Buchanan, S., DeGuzman, G. C., Ding, M., Fuchs, A. & Holroyd, T. (1992). A phase transition in human brain and behavior. *Physics Letters A* **169**, 134–144.

Kelso, J. A. S., DeGuzman, G. C. & Holroyd, T. (1991). The self-organized phase attractive dynamics of coordination. In *Self-organization, Emerging Properties and Learning, Series B:* Vol 260, ed. A. Babloyantz, pp. 41–62. New York: Plenum.

Kelso, J. A. S., DelColle, J. D. & Schöner, G. (1990). Action-perception as a pattern formation process. In *Attention and Performance XIII*, ed. M. Jeannerod, pp. 139–169. Hillsdale, NJ: Erlbaum.

Kelso, J. A. S., Ding, M. & Schöner, G. (1992). Dynamic pattern formation: a primer. In *Principles of Organization in Organisms*, eds. A. Baskin & J. Mittenthal, pp. 397–439. Redwood City, CA:

Addison-Wesley.
Kelso, J. A. S. & Jeka, J. J. (1992). Symmetry breaking dynamics of human multilimb coordination. *Journal of Experimental Psychology : Human Perception and Performance* **18**, 645-668.
Kelso, J. A. S. & Scholz, J. P. (1985). Cooperative phenomena in biological motion. In *Complex Systems : Operational Approaches in Neurobiology, Physical Systems and Computers*, ed. H. Haken, pp. 124-149. Berlin: Springer.
Kelso, J. A. S., Scholz, J. P. & Schöner, G. (1986). Non-equilibrium phase transitions in coordinated biological motion: critical fluctuations. *Physics Letters A* **118**, 279-284.
Kelso, J. A. S., Scholz, J. P. & Schöner, G. (1988). Dynamics governs switching among patterns of coordination in biological movement. *Physics Letters A* **134** (1), 8-12.
Kuramoto, Y. (1984). *Chemical Oscillations, Waves, and Turbulence*. Berlin: Springer.
Maddox, J. (1993). The dark side of molecular biology. *Nature* **363**, 13.
Mayr, E. (1988). *Toward a New Philosophy of Biology*. Cambridge, MA: Harvard University Press.
Moore, W. (1989). *Schrödinger, Life and Thought*. Cambridge: Cambridge University Press.
Nicolis, G. & Prigogine, I. (1989). *Exploring Complexity : An Introduction*. San Francisco: Freeman.
Pattee, H. H. (1976). Physical theories of biological coordination. In *Topics in the Philosophy of Biology*, Vol. 27, eds. M. Grene & E. Mendelsohn, pp. 153-173. Boston: Reidel.
Rosen, R. (1991). *Life Itself*. New York: Columbia University Press.
Schmidt, R. C., Carello, C. & Turvey, M. T. (1990). Phase transitions and critical fluctuations in the visual coordination of rhythmic movements between people. *Journal of Experimental Psychology : Human Perception and Performance* **16** (2), 227-247.
Schmidt, R. C., Shaw, B. K. & Turvey, M. T. (1993). Coupling dynamics in interlimb coordination. *Journal of Experimental Psychology : Human Perception and Performance* **19**, 397-415.
Scholz, J. P., Kelso, J. A. S. & Schöner, G. (1987). Non-equilibrium phase transitions in coordinated biological motion: critical slowing down and switching time. *Physics Letters A* **123**, 390-394.
Schöner, G., Haken, H. & Kelso, J. A. S. (1986). A stochastic theory of phase transitions in human hand movement. *Biological Cybernetics* **53**, 442-452.

Schöner, G., Jiang, W. Y. & Kelso, J. A. S. (1990). A synergetic theory of quadrupedal gaits and gait transitions. *Journal of Theoretical Biology* **142**(3), 359-393.

Schöner, G. & Kelso, J. A. S. (1988a). Dynamic pattern generation in behavioral and neural systems. *Science* **239**, 1513-1520.

Schöner, G. & Kelso, J. A. S. (1988b). A synergetic theory of environmentally-specified and learned patterns of movement coordination. II. Component oscillator dynamics. *Biological Cybernetics* **58**, 81-89.

Schrödinger, E. (1944). *What is Life?* Cambridge: Cambridge University Press.

Shik, M. L., Severin, F. V. & Orlovskii, G. N. (1966). Control of walking and running by means of electrical stimulation. *Biophysics* **11**, 1011.

Swinnen, S., Heuer, H., Massion, J. & Casaer, P. (eds.) (1994). *Interlimb Coordination: Neural, Dynamical and Cognitive Constants*. New York: Academic Press.

von Holst, E. (1939). Relative coordination as a phenomenon and as a method of analysis of central nervous function. In *The Collected Papers of Erich von Holst*, ed. R. Martin, pp. 33-135 (1973). Coral Gables, FL: University of Miami.

Wallenstein, G. V., Bressler, S. L., Fuchs, A. & Kelso, J. A. S. (1993). Spatiotemporal dynamics of phase transitions in the human brain. In *Society for Neuroscience Abstracts*, Vol. 19, p. 1606. Washington DC: Society for Neuroscience.

Wimmers, R. H., Beek, P. J. & van Wieringen, P. C. W. (1992). Phase transitions in rhythmic tracking movements: A case of unilateral coupling. *Human Movement Science* **11**, 217-226.

Wolpert, L. (1991). *The Triumph of the Embryo*. Oxford: Oxford University Press.

Wunderlin, A. (1987). On the slaving principle. *Springer Proceedings in Physics* **19**, 140-147. Berlin: Springer.

Zanone, P. G. & Kelso, J. A. S. (1992). Evolution of behavioural attractors with learning: nonequilibrium phase transitions. *Journal of Experimental Psychology: Human Perception and Performance* **18**/2, 403-421.

第十二章　無秩序からの秩序へ：生物学における複雑系の熱力学

エリック・D・シュナイダー[*] & ジェームス・J・ケイ[**]
* ホークウッド研究所、リビングストン、モンタナ州
** ウォータルー大学、ウォータルー、オンタリオ州

序

一九世紀の中頃、時間発展する自然系についての二つの主要な科学理論が生まれた。ボルツマンによって整理された熱力学は、自然を熱力学の第二法則に従って、ランダムな無秩序という避けられない死に向かって崩壊していくものととらえている。この熱平衡を指向する自然系の発展についての悲観的な考え方は、ダーウィンの、時間の経過とともに生物系が複雑さを増し、特殊化し、組織化するという考えとは対照的である。多くの自然系の現象論は、世界の大部分が、対流のセルや自己触媒反応系、そして生命それ自身のような、非平衡でコヒーレントな構造から成り立っていることを示している。生命系は無秩序や平衡という状態から逃れて、平衡から少し離れたところに存在する高度に組織化された構造へ向かって発展している。

このジレンマがシュレーディンガーをつき動かし、彼の講演録『生命とは何か』の中で、生物学の基本的プロセスと物理・化学という科学を結びつけようとしたのである。彼は、生命体が二つの

基本的プロセスを包含することに注目した。一つは「秩序からの秩序」、そしてもう一つは「無秩序からの秩序」である。彼は、遺伝子が、一つの種において、秩序から秩序を生み出していることに気づいた。すなわち、親の形質が子孫に受け継がれているということである。それから一〇年の後に、ワトソンとクリック（Watson & Crick 1953）は、この五〇年間での最も重要ないくつかの発見を導いた研究手法を生物学に導入した。

しかしながら、同じ程度に重要でありながら、あまり理解されていないシュレーディンガーの所見は、無秩序からの秩序という命題である。これは、生物学を熱力学の基本的な定理と結びつけようとする試みであった（Schneider 1987）。彼は、生き物が熱力学の第二法則を拒むらしいということを認めた。第二法則は、閉じた系の中でエントロピーは最大となるべしと主張している。しかしながら、生物系はそのような無秩序とは正反対のものである。それらは、無秩序から創出された、驚くほど高いレベルの秩序を示している。例えば、植物は、大気や土の中の無秩序な原子や分子から生み出された、高度に秩序だった構造である。

シュレーディンガーは、このジレンマを、非平衡の熱力学に取り組むことにより解決したのである。彼は、生命系が、エネルギーと物質の流れという世界の中に存在することを見抜いた。生命体は、その外側から高品位のエネルギーを取り入れ、それを内部でより組織化された状態をつくり出すように加工することによって、高度に組織化された状態として生存している。生命体は、平衡系からはるかに離れた系であり、より大きな全体系のエントロピーを犠牲にして、局所レベルの組織を維持している。彼は、非平衡という観点から生命系を研究することは、生物学的自己組織化と熱力学を調和させることになるだろうと提案した。さらに、そのような研究が、新しい物理学の原理を生み出すことを予想した。

この論文では、シュレーディンガーによって提案された無秩序から秩序へという研究プログラムを検討し、生命についての彼の熱力学的な見方について詳しく述べる。熱力学の第二法則は、生命の理解の障害となるものではなく、むしろ生命過程を完全に記述するのに必要なものであるということを述べる。私たちは、熱力学を生命過程の原因となるものに拡張し、第二法則が、自己組織化の過程を強調し、生命系の発生の中に見出される過程の多くを方向づけることを示す。

熱力学的序説

熱力学は、古典的な温度・体積・圧力系や化学反応速度論的な系、電磁気系、量子系を含む、あらゆる仕事とエネルギーの系に適用されることが示されてきた。熱力学は、系のふるまいを三つの異なった状況として扱うものとみなすことができる。(一) 平衡系（古典的熱力学）。例えば、閉鎖系における多数の分子のふるまい。(二) 平衡から少し離れているが、平衡に戻るような系。例えば、ストップコックでつながれた二つのフラスコがあったとして、一つのフラスコにはもう一つのフラスコよりもたくさんの分子があり、ストップコックが開かれると、両方のフラスコ内の分子数が等しくなって平衡に達するというようなもの。(三) 平衡から遠く離されていて、勾配があるために平衡から離れた状態に束縛されている系。例えば、二つの連結したフラスコ間に圧力勾配があり、一方のフラスコの中の分子数が他よりも多く保たれている場合がそれである。

無秩序からの秩序の議論において、エクセルギーは一つの中心的な概念となる。エネルギーは有効な仕事をするための質あるいは能力において変化するものである。いかなる化学的あるいは物理的な過程においても、有効な仕事をするためのエネルギーの質あるいは能力は、不可逆的に失われてしまう。エクセルギーは、あるエネルギー系がその周囲と平衡になっていく過程において、有効な仕事を行うことのできる最大の能力を測る目安である（Brzustowski & Golem 1978; Ahern 1980）。

熱力学の第一法則は、熱と仕事の関係を理解しようとする努力から生まれた。第一法則が述べていることは、エネルギーは決してつくり出されも損なわれもせず、閉じたあるいは孤立した系においては全エネルギーが不変に保たれているということである。しかしながら、系内のエネルギーの性質（エクセルギーの量）は変化してもよい。熱力学の第二法則は、系内でいかなる過程が進行しても、系内のエネルギーの質（エクセルギー）が劣化するということを要求する。第二法則は、不可逆性の定量的な測度、すなわちエントロピーという言葉を用いて、実際に起こるどんな過程に対しても、エントロピーの変化はゼロより大きいと言い表すことができる。第二法則はまた次のように言うことができる。すなわち、実在するどんな過程もエントロピーが増大する方向にのみ進行しうる。

一九〇八年に、「エントロピーの増大」の法則が第二法則の一般的な主張ではないということを示す証明を展開したカラテオドリーの仕事によって（Kestin 1976）、熱力学はまた一歩前進した。より包括的な熱力学の第二法則の主張はこうである。「いかなる閉じた系の中のいかなる与えられた状態の近傍にも、可逆不可逆を問わず、そこから断熱的な経路をたどっては到達しえない状態が存在する。」それまでの定義とは異なり、この主張は、系の性質にも、エントロピーや温度などの概念にも依存していない。

さらに最近、ハッツォポロスとキーナン（Hatsopoulos & Keenan 1965）、そしてケスチン（Kestin 1968）が、第〇、第一、第二法則を熱力学の統一原理にまとめた。すなわち、「ある孤立した系が、内部にある一連の束縛を取り除かれた後にある過程を行うと、その系は平衡状態というただ一つの状態に到達する。」この平衡状態は、束縛が解除される順序には依存しない。これは第二の類の系のふるまいを記述しており、それは平衡状態から少し離れているが、非平衡状態になるように束縛されてはいない系である。この主張の重要性は、それがすべての現実の過程に対して、その方向と最終状態を指令する点にある。この主張は、束縛が許す平衡状態に系は到達するということを教える。

散逸系

以上に概説した熱力学の原理は、閉じた孤立系で成り立つものである。しかしながら、さらに興味深い類の現象は、第三の類の系に属するものであり、それはエネルギーや物質の流れに対して開いた系で、平衡から少しずれた準安定状態にある（Nicolis & Prigogine 1977; 1989）。生き物ではないが組織化された系（対流セルやハリケーン、レーザーのようなもの）や、生きている系（細胞から生態系にいたるまで）は、組織を維持するために、外界からのエネルギーの流れに頼っており、これらの自己組織化の過程を遂行するためにエネルギー勾配を散逸させている。この組織は、その構造が埋め込まれたより大きな全体系のエントロピーを増大させるという犠牲を払って維持されている。そのような散逸系においては、系の全エントロピー変化は、系内部で生成されるエントロピーの総和に等しく（それは常に0より大きいか、0に等しいかである）、そして環境と交換されるエントロピーは、正にも負にも0にもなりうる。系を非平衡定常状態に維持するためには、エントロピーの交換量は負で、代謝などの内部過程によって生み出されるエントロピーに等しくなければならない。

限られた範囲の条件下で安定となる散逸構造は、自己触媒系作用をもつ正のフィードバック過程によって最もよく表される。対流セルやハリケーン、自己触媒的化学反応、生命系はすべて、コヒーレントなふるまいを示す平衡からかけ離れた散逸構造の例である。

熱せられた流体に見られる、熱伝導と、対流の発生（ベナールセル）との間の相転移は、外部からのエネルギー入力に応答した、創発的なコヒーレントな組織化の際立った例である（Chandraseknar 1961）。ベナールセルの実験では、流体の下側の面が熱せられる一方、上側の面はより低い温度に保たれている。この系の中での初期の熱の流れは、分子と分子の相互作用によるものである。熱の流束が臨界値に達したとき、系は不安定になり、流体の分子の作用はコヒーレントで対流的な上下運動となり、その結果、らせん状の表面パターンに大変明確な六角形の構造（ベナールセル）が現れる。これらの構造は、系の熱の伝達と勾配の破壊の速度を速める。コヒーレントでないものからコヒーレントな構造への相転移は、系を平衡状態から遠ざけようとすることに対する系の応答である（Schneider & Kay 1994）。分子から分子への熱伝達という、コヒーレントでない構造からコヒーレントな構造への相転移は、10^{22}個を超す分子の高度に組織化されたふるまいをもたらす。この一見ありそうもないことが起こるのは、与えられた温度勾配と、系に用意された動力学の結果であり、また系を平衡から遠ざけようとすることに対する、系の応答なのである。この類の非平衡系を取り扱うために、私たちはケスチンの熱力学の統一原理から導かれる一つの系を提案する。彼の証明は、系の平衡状態が、リヤプノフの意味で安定であることを示している。この結果が暗示するのは、系が平衡状態からずらされることに対して逆らうということである。系が平衡状態からずらされている度合いは、系に課された勾配によって測ることができる。

「平衡状態からずらされると、系は、加えられた勾配に逆らうためにあらゆる可能な手段を用いる。また、加えられた勾配が大きくなると、平衡からさらにずらされることに逆らう系の能力も大きくなる。」

私たちはこれを「言い直された第二法則」、そしてカラテオドリー以前の主張を古典的第二法則と呼んでもよいだろう。化学反応系においては、ル・シャトリエの法則が「言い直された第二法則」の例である。

温度、圧力、そして化学的な平衡にある熱力学系は、そのような平衡状態から引き離そうとする動きに対して抵抗する。平衡状態からずらされてしまったときには、加えられた勾配に逆らうような方法で系自身の状態をずらし、系を平衡アトラクタに戻そうとする。勾配が強まるほど、平衡アトラクタが系に及ぼす作用も大きくなる。系が平衡から離れるほど、平衡から離されることに抵抗するメカニズムもより高性能になる。力学的あるいは運動学的な条件が許すならば、勾配を散逸させようとする自己組織化の過程が生じるだろう。このふるまいは、古典的見地からでは気がつかないものであるが、言い直された第二法則が与えられれば、予想できるのである。もはやコヒーレントな自己組織化構造の出現は驚きではなく、むしろ、系を平衡からずらすような外部から加えられた勾配に抵抗し、それを散逸させようとする、系の予想された応答なのである。かくして私たちは、散逸構造の形成において「無秩序からの秩序の発生」を知るのである。

ここまでは、議論を単純な物理系に絞り、いかにして熱力学的勾配が自己組織化を引き起こすかを論じてきた。化学的勾配もまた、散逸的な自己触媒反応を引き起こす。その例を挙げれば、単純な無機化学の反応系やタンパク質生合成反応、リン酸化、重合反応、自己触媒型加水分解反応などがある。自己触媒反応系は正フィードバックの一つの形態であり、そこでは系の活性あるいは反応の拡大それ自身も、自己増強反応の形態をとる。自己触媒は、系全体のサイクルの凝集体としての活性を刺激する。そのような自己増強型の触媒活性は自己組織的であり、系の散逸能力を増やす一つの重要な方法である。

勾配を散逸させるものとしての散逸系の概念は、非平衡な物理系や化学系に対して成り立ち、複雑系の出現や発展の過程を記述する。これらの散逸系の作用が、言い直された第二法則に矛盾しないというだけでなく、もし勾配が存在し、条件が許すならば、そのような系が出現することが予想されるのである。シュレーディンガーの「無秩序からの秩序」の概念は、そのような散逸系の出現について述べたものであり、これらの第三の類の熱力学系に一般に見られる現象なのである。

勾配を散逸させるものとしての生命系

ボルツマンは、宇宙の熱的死と、その中で系が成長し複雑化し進化している生命の存在との、明らかな矛盾に気がついていた。彼は太陽のエネルギー勾配が生命過程を引き起していることに気づき、生命系におけるダーウィン主義者的エントロピーの奪い合いを提唱した。

『生き物の普遍的な生存競争は、原材料の争いではない。原材料とは、大気、水、そして土であり、すべて豊富に手に入るものである。どんなものにも熱として大量に存在する、エネルギーの争いでもない（残念ながらそれは変形できない）。それはエントロピーの争いであり、熱い太陽から冷たい地球へのエネルギーの転移を通じて得られるものである（Boltzmann 1886）。』

ボルツマンの考えは、シュレーディンガーによってさらに探究された。彼は、生命のようなある種の系は、古典的な熱力学の第二法則に逆らっているように見えることに注目した（Schrödinger 1944）。しかし彼は、生命系は開いており、古典熱力学でいうところの断熱的な閉じた箱ではないということを認識していたのである。生命体は、その外側から高品位のエネルギーを取り込むことによって高度に組織化された状態として生存し、また系の組織構造を維持するためにエネルギーの質を劣化させる。あるいはシュレーディンガーが言ったように、エントロピー最大の状態、あるいは死という状態から遠く離れて、生命系が生存しうる唯一の道は、

『環境から常に負のエントロピーを継続的に取り込むことである…。かくして、生命体がそれ自身をかなり高いレベルの秩序をもつ定常状態（かなり低いエントロピーのレベル）に保っているその仕掛けは、まさにその環境から秩序を絶えず吸い取っていることにある…。…植物…それはもちろん最も強力な太陽光の中にある「負のエントロピー」の供給源である（Schrödinger 1944）。』

生命は平衡系から遠く離れた散逸構造とみなすことができ、それはその局所レベルの組織を、環境におけるエントロピー生成を代償として維持している。

もし私たちが地球を、太陽によって印加された大きな勾配をもつ開いた熱力学系とみるならば、言い直された第二法則は、利用しうるあらゆる物理的および化学的過程を使って、系がこの勾配を減少させるであろうということを示唆している。私たちは、生命が太陽が生み出した勾配を散逸させるもう一つの手段として地球上に存在し、そしてそのような具合に言い直された第二法則の現れとなっているということを述べているのである。生命系は平衡から遠く離れた散逸系であり、地上に降り注ぐ光エネルギーの勾配を減少させる大きな能力をもっている（Kay 1984; Ulanowicz & Hannon 1987）。

生命の起源は、誘起されたエネルギー勾配を散逸させるための、もう一つの道筋の発達なのである。生命はこれらの散逸の経路を継続させることを保証し、ゆらぎのある物理的な環境のもとで、これらの散逸構造を確保するための戦略を進化させてきた。私たちは、生命系は、散逸過程の存続のために遺伝子というコード化された記録をもった動的な散逸系であると主張するのである。私たちは、生命とは、勾配の散逸という熱力学的必要性に対する応答であると論じてきた（Kay 1984; Schneider 1988）。生物学的成長は、印加された勾配を減少させるための同じ形態の道筋を、系がさらにつけ加えたときに起こる。生物学的進化は印加された勾配を減少させる新たな形態の道筋が系に出現したときに起こる。この原理は、生体系の成長と進化に対する基準を与える。

植物の成長は、太陽エネルギーを捕らえて、利用できる勾配を散逸させようとする試みである。多くの種類の植物は、エネルギーの取り込みと劣化を最適に行うために、葉の面積を増大させるようなしくみに自分自身を配置している。地球上の植物が消費する総エネルギー配分が示しているのは、そのエネルギーの大部分は水の蒸散に使うためのものだということであり、光合成物質一グラムあたり、二〇〇—五〇〇グラムの水の発散が伴うのである。このメカニズムは、エネルギーの質の劣化には大変効果的で、一グラムの水の蒸発につき二五〇〇ジュールのエネルギーが使われるのである（Gates 1962）。蒸散は地球上の生態系の主要な散逸の経路である。

生物種の豊富さの大域的な生物地理学的な分布は、年間の潜在的蒸散量と強い相関をもつ（Currie 1991）。このような種の豊富さと利用できるエクセルギーとの強い相関関係は、生物の多様性と散逸過程の間の因果的結びつきを示唆している。種の間で分配されうるエクセルギーが多いほど、エネルギーの質を劣化させるために使える道筋が多くなる。栄養のレベルと食物の連鎖は光合成物質に基盤をおいており、より高い秩序の構造をつくっていくことによって、これらの勾配をより多く散逸させるのである。それゆえ、より多くの利用できるエクセルギーがあるところには、より大きな種の多様さが存在すると期待されるであろう。種の多様性と栄養のレベルは赤道付近で非常に大きく、そこには地球全体の太陽光の5⁄6が降り注いでおり、それゆえ、そこにはより多くの減らすべき勾配があるのである。

生態系の熱力学的解析

生態系とは、自然界の生物的、物理的、化学的構成要素が一緒になって、非平衡散逸過程として活動している系である。生態系の発展は、もしそれが言い直された第二法則に従うならば、エネルギーの劣化を増大させるようなものでなければならない。この仮説は、遷移の過程における、あるいはストレスを受けたときの生態系の進化のエネルギー論について調べることによってテストできる。

生態系は、発展あるいは成熟するにつれて、その全散逸量を増大させなければならず、また、エネルギーの劣化を促進するために、より大きな多様性をもつより複雑な構造と、より多くの階層的段階を発展させなければならない（Schneider 1988；Kay & Schneider 1992）。繁栄する種は、それら自身の生産や再生産のためにエネルギーを注ぎ込み、自己触媒過程に寄与し、それゆえ生態系の全散逸量を増大させるようなものである。

ロトカ（Lotka 1922）、そしてオダムとピンカートン（Odum & Pinkerton 1955）は、生き延びる生態系というのは、最大のパワー流入量を引き出し、それを、生き延びるという要求に最も適するように使っているということを示唆した。このような「パワーの法則」をもっとうまく言い表せば、生物系は、彼らのエネルギー劣化速度を増やすように発達し、そして生物学的成長、生態系の発展、そして進化は、新しい散逸経路を発展させるということになろう。言い換えれば、生態系は、それが獲得し利用するエクセルギーの量を増やすようなやり方で発展するのである。その結果、生態系が発展するにつれて、外に出ていくエネルギーのエクセルギーは減少する。生態系が最大パワーを引き出す、というのはこの意味においてであり、すなわち生態系は獲得するエネルギー量を増やすと同時に、入ってくるエネルギーの中のエクセルギーを最も有効に使うのである。

この理論は、組織を壊そうとするストレスが、生態系をより低いエネルギー劣化の能力をもつ構造へと後退させてしまうことを示唆する。ストレスを受けた生態系は、しばしばそれまで継続してきた段階のより前の生態系に似たものとなり、熱力学的平衡により近い状態になってしまうのである。

生態学者は、物質とエネルギーが生態系を通って流れている様子を解析できるような手法を発展させてきた（Kay, Graham & Ulanowicz 1989）。これらの手法を用いて、生態系の中のエネルギーの流れと、エネルギーが分配されるやり方を詳細に述べることができる。私たちは最近、フロリダのクリスタルリバーにある大きな発電所に隣接する、二つの干潟の生態系における炭素とエネルギーの流れについての一連のデータを解析した（Ulanowicz 1986）。問題にした生態系は、ストレスがかかったものとコントロールの二つであった。ストレスのかかった生態系は、原子力発電所から流れ出た温かい水にさらされている。コントロールの生態系は、温かい水にさらされていないこと以外は同じ環境条件下にある。断定的にいえば、あらゆるものの流れが、ストレスのかかった生態系において低下したのである。これが意味するのは、ストレスは、バイオマスの意味での規模、資源の消費、物質とエネルギーの循環、そして、流入するエネルギーを劣化させ、散逸させる能力が縮小した生態系を、結果としてもたらすということである。

全体として、発電所からの流出物が水を温めるという影響は、ストレスのかかった生態系の規模とその資源消費を減少させ、同時にそれが獲得した資源を保持する能力にも影響を与えることになる。この解析は、生態系の機能と構造が、非平衡熱力学的構造の挙動と、これらの挙動を生態系の発達のパターンへと適用することによって予測される発達の道筋に従っている、ということを示唆している。

地球の生態系のエネルギー論は、生態系がエネルギーをより有効に劣化させるように発達するという命題に対する、もう一つのテストとなる。より発達した散逸構造は、より多くのエネルギーを劣化させなくてはならない。それゆえ、より成熟した生態系が、未発達の生態系に比べて、捕らえたエネルギーがもつエクセルギーをより完全に劣化させることを予測する。ある生態系を通ったときのエクセルギーの低下は、獲得した太陽エネルギーと、生態系から再放射されたエネルギーの間の、黒体放射温度差と関係している。もし、ある生態系の群が同じ量の流入エネルギーを浴びているとするならば、最も成熟した生態系は最も低いエクセルギーレベルでエネルギー再放射を行うと予測してよいであろう。すなわちその生態系は、最も低い黒体放射温度をもつであろう。

ルバルとホルボ（Luvall & Holbo 1989; 1991）は、熱赤外線多重スペクトルスキャナー（TIMS）を使って、種々の生態系の表面的温度を測定した。彼らのデータはまちがいなく次のような傾向を示している。すなわち、他の変数が一定ならば、生態系が発達していればいるほど表面温度が低く、また、再放射されたエネルギーはより劣化している。

西オレゴンの針葉樹林のＴＩＭＳ測定データは、生態系の表面温度が生態系の成熟度とタイプに従って変化することを示している。最も温度の高いところは、皆伐地域と石切り場で見出された。最も低い温度のところは二九九Ｋであり、皆伐地域よりも二六Ｋほど低かったが、そこは樹齢四〇〇年以上のダグラスモミの森林で、三段になった植物の天蓋が存在する。採石場が流入する純放射量の六二％を劣化させるのに対し、四〇〇歳の森林は九〇％を劣化させる。中くらいの年齢の場所では、この両極の中間値を示し、より成熟し外乱の少ない生態系ほどエネルギーの劣化が増大したのである。これらのユニークなデータは、生態系が、それに印加されたエネルギー勾配をより有効に劣化させるような構造や機能を発達させるということを示している（Schneider & Kay 1994）。

生態系のエネルギー論に関する私たちの研究では、それらを、高品位のエネルギーが注入された開放系として取り扱っている。高品位のエネルギーが注入されている開放系は、平衡状態から遠ざかることができる。しかしながら、自然は平衡状態から離れるような動きには抵抗する。したがって、開放系である生態系は、可能ならばいつでも、新たに創発する構造をつくり上げてそれを維持するということで、高品位のエネルギーを消費するような、組織化されたふるまいを自発的に発生させて、これに応答するのである。このことが、高品位エネルギーのもつ、系を平衡からさらに引き離そうとする能力を散逸させてしまうのである。この自己組織化の過程は、系の構成要素および全体系の新しい相互作用や、活性の集合というかたちで現れる急激な変化によって、特徴づけられる。この組織化されたふるまいの出現、すなわち生命の本質は、いまや熱力学から予測されるものとして理解されるのである。より高品位のエネルギーが生態系に注入されればされるほど、そのエネルギーを散逸させるためのより多くの組織が発生する。かくして私たちは、さらなる無秩序を引き起こすようなことの中に、「無秩序」から生じる「秩序」を得るのである。

無秩序からの秩序と秩序からの秩序

複雑系は、通常の意味での複雑さ（プリゴジン系やハリケーン、ベナールセル、自己触媒反応）から、おそらく人間の社会経済システムを含むような創発的な複雑さにいたる、複雑さの連続体の上で分類される。生命系は、この連続体の中で、より複雑な側にある。生命系は、それ自身が一部を形成している環境の関係の中で機能しなくてはならない。もし、生命系が自分が属している超組織の状況を考慮しなかったならば、その生命系は超組織からはじき出されてしまうだろう。超組織は、その系と、その系の中でうまく生きることを進化論的に学んだ生命系の行動に、一連の制約を加えている。ある新しい生命系が、それ以前の系が消滅して生まれたときには、その系は、もし高い成功率をもつ変異を余儀なくされたとすれば、自己組織化をより効率よく行うであろう系なのである。遺伝子は、自己組織化の過程に、そのような高い成功率の選択をさせる役割をしている。遺伝子とは成功を収めた自己組織化の記録である。遺伝子は進化のメカニズムではない。メカニズムは自己組織化である。遺伝子は自己組織化の過程を制限し強要する。より上位の階層的段階においては、他のしくみが自己組織化の過程を制限する。生態系の自己再生能力は、種の自己再生過程の役に立つ一つの機能なのである。

生命系が、誕生―発達―再生―死という不変なサイクルを遂行するものとすれば、何がうまくいき、何がそうでないかという情報を蓄えておくことは、生命を継続させるために重要なことである（Kay 1984）。これが遺伝子の役割であり、より大きなスケールにおいては、生物の多様性である。すなわちそれは、うまくいく自己組織化戦略のデータベースとして役立つのである。このことが、シュレーディンガーの秩序からの秩序と無秩序からの秩序という命題の間のつながりなのである。十分な熱力学的勾配が存在し、環境条件がそろったときにはいつでも、熱力学が無秩序から秩序に権限を委ねるため、生命が出現する。しかしながら、もし生命が継続しようとするならば、同じ法則がそれが再生産できること、すなわち秩序から秩序をつくり出すことを要求する。生命はこの両方の過程をもつことなしには存在しえない。すなわち、「生命を発生させる無秩序からの秩序」、そして「生命の継続を保証する秩序からの秩序」である。

生命は、生存とエネルギーの劣化という義務の間のバランスに相当する。ブラムの言葉（Blum 1968）を引用すると、

『私は進化を大きなタピストリーを織ることになぞらえよう。タピストリーの強くて堅い縦糸は、要素となる生命をもたない物質の基本的性質と、それを私たちの天体の進化の中で結び合わせてきた手法から形づくられている。この縦糸をつくるにあたって、熱力学の第二法則が支配的な役割を果たしてきた。タピストリーのディテールを形づくっているさまざまな色の横

糸を、私は、主として突然変異と自然選択によって縦糸に織り込まれているものと考えたい。縦糸が寸法を定め全体を支える一方で、横糸は生物進化を学ぶ人たちの美意識を大いにそそるものであり、生物の環境への適合の美と多様性を表している。しかし、どうして私たちは、結局、全体の構造の基本要素である縦糸に、わずかにそれだけの注意しか払わなかったのであろうか。おそらく、織物には時折見られるあるもの、すなわち縦糸の模様そのものへの能動的関与を導入するならば、このたとえはより完全になるだろう。そこではじめて私たちは、この類比の完全な意味をつかむのだろうと私は思う。』

私たちは、生命というタピストリーをつくることへの縦糸の関与を示そうとした。シュレーディンガーに立ち戻れば、生命は二つの過程、すなわち、秩序からの秩序と無秩序からの秩序を包含する。ワトソンとクリック、その他の人々の研究は、遺伝子を説明し、秩序から秩序という謎を解明した。本章はシュレーディンガーの無秩序からの秩序の命題を確証し、巨視的な生物学と物理学とをよりいっそう結びつけるものである。

引用文献

Ahern, J.E. (1980). *The Exergy Method of Energy Systems Analysis*. New York: Wiley.
Blum, H.G. (1968). *Time's Arrow and Evolution*. Princeton: Princeton University Press.
Boltzmann, L. (1886). The second law of thermodynamics. Reprinted (1974) in *Ludwig Bolzmann, Theoretical Physics and Philosophical Problems*, ed. B. McGuinness. New York: D. Reidel.

Brzustowski, T. A. & Golem, P. J. (1978). Second law analysis of energy processes. Part 1 : Exergy ―― an introduction. *Transactions of the Canadian Society of Mechanical Engineers*, **4**(4), 209-218.

Chandrasekhar, S. (1961). *Hydrodynamics and Hydromagnetic Stability*. London: Oxford University Press.

Currie, D. (1991). Energy and large-scale patterns of animal-and-plant species-richness. *American Naturalist* **137**, 27-48.

Gates, D. (1962). *Energy Exchange in the Biosphere*. New York: Harper and Row.

Hatsopoulos, G. & Keenan, J. (1965). *Principles of General Thermodynamics*. New York: Wiley.

Kay, J. J. (1984). Self-Organization in Living Systems. Ph. D. thesis, Systems Design Engineering, University of Waterloo, Ontario.

Kay, J. J., Graham, L. & Ulanowicz, R. E. (1989). A Detailed Guide to Network Analysis. In *Network Analysis in Marine Ecosystems*, eds. F. Wulff, J. G. Field & K. H. Mann, Coastal and Estuarine Studies, Vol. 32, pp. 16-61. New York: Springer-Verlag.

Kay, J. & Schneider, E. (1992). Thermodynamics and measures of ecosystem integrity. In *Ecological Indicators*, eds. D. McKenzie, D. Hyatt & J. McDonald, pp. 159-181. New York: Elsevier.

Kestin, J. (1968). *A Course in Thermodynamics*. New York: Hemisphere Press.

Kestin, J. (ed.) (1976). *The Second Law of Thermodynamics*. Benchmark Papers on Energy, Vol. 5. Investigations into the foundations of thermodynamics, by C. Carathéodory, pp. 225-256. New York: Dowden, Hutchinson, and Ross.

Lotka, A. (1922). Contribution to the energetics of evolution. *Proceedings of the National Academy of Sciences USA* 8, 148-154.

Luvall, J. C. & Holbo, H. R. (1989). Measurements of short term thermal responses of coniferous forest canopies using thermal scanner data. *Remote Sensing of the Environment* **27**, 1-10.

Luvall, J. C. & Holbo, H. R. (1991). Thermal remote sensing methods in landscape ecology. In *Quantitative Methods in Landscape Ecology*, eds. M. Turner & R. H. Gardner, Chap. 6. New York: Springer-Verlag.

Nicolis, G. & Prigogine, I. (1977). *Self-Organization in Nonequilibrium Systems*. New York: Wiley.

Nicolis, G. & Prigogine, I. (1989). *Exploring Complexity*. New York: Freeman.

Odum, H. T. & Pinkerton, R. C. (1955). Time's Speed Regulator. *American Scientist* **43**, 321-343.

Schneider, E. D. (1987). Schrödinger shortchanged. *Nature* **328**, 300.

Schneider, E. (1988). Thermodynamics, information, and evolution: new perspectives on physical and biological evolution. In *Entropy, Information, and Evolution: New Perspectives on Physical and Biological Evolution*, eds. B. H. Weber, D. J. Depew & J. D. Smith, pp. 108-138. Boston: MIT Press.

Schneider, E. & Kay, J. (1994) Life as a manifestation of the second law of thermodynamics. *Mathematical and Computer Modeling* **19**, nos. 6-8, 25-48.

Schrödinger, E. (1944). *What is Life?* Cambridge: Cambridge University Press.

Ulanowicz, R. E. (1986). *Growth and Development: Ecosystem Phenomenology*. New York: Springer.

Ulanowicz, R. E. & Hannon, B. M. (1987). Life and the production of entropy. *Proceedings of the Royal Society B* **232**, 181-192.

Watson, J. D. & Crick, F. H. C. (1953). Molecular structure of nucleic acids. *Nature* **171**, 4356, 737-738.

第十三章　回　想*

ルース・ブラウニツァー
アルプバッハ、チロル

私は科学者でないことをまずお断りしたいと思います。私は、父を追慕して下さる皆さんの父に対する誠実なお気持ちを丁重に表していただいたものとして、この会への招待をお受けしました。ですから、私は父の業績については何も申し上げられないことをお許しいただきたいと存じます。

昨年、パリで行われた同じような催しの際に、私は父の伝記的な解説をするよう依頼を受け、伝記全般に関する疑念についてお話しなくてはなりませんでした。伝記は多くの場合、作家の見解のみを伝え、そして作家の目的にかなうものとなっています。伝記は、対象それ自身を正当に取り扱うことはまれですし、公然とその人物の役割を固定する傾向にあります。だれかが、突然、伝記の弱点や欠点を指摘することに興味を抱くまで、伝記は記念碑のように突出し、あたかも伝記が実際

＊この章はエルヴィン・シュレーディンガーの息女のルース・ブラウニツァーさんのシンポジウムバンケットにおけるスピーチに基づくものである。

にあらゆる意味をもっているかのごとくです。

私たちの時代には盗み見趣味がたいそう流行しており、世間に知れた人たちはだれも、本当に重要な人物かどうかを問わず、それから逃れることができませんでした。いずれにせよ、エルヴィン・シュレーディンガーの生涯についての真実の話はまだ書かれてはいません。それが真実であるためには、事実「のみ」を扱い、虚構と大衆への迎合は慎んでいただかなくてはなりません。

この点において、私はアルバート・アインシュタインの言葉を引用させていただきたいと思います。「私のようなタイプの人間の本質として欠くべからざることは、何を考え、そしてどう考えるかにあるのであって、何かをしたりされたりすることにはないのです。」エルヴィン・シュレーディンガーが考えたことや、考え方の大部分は、物理の世界では共通の知識となっており、彼の言葉を理解する人はだれもがそれを読み、再考し、解釈し、またもしも望むならば、反駁したり支持したりすることができます。しかし、このゲームに参加することは私にふさわしいことではありません。だれも推測できないのは、何が彼に考えさせたか、またそのような考え方をさせたかということです。もし私たちがその説明を思いつくとすれば、それは私たちが生命という基本的な問いに対する答えを知ることを意味するでしょう。私にとっては、それを試みようとすることすらうぬぼれになってしまうでしょう。しかし、私にできることは、時間をさかのぼって、彼が生涯において受けた決定的な影響を調べ、そして彼が自分自身に何を望んだのかを思い起こしてみることです。

最も大きな影響は、世紀の変わり目から一九二〇年末までのウィーンという環境でした。私自身は証人ではありませんので、ただ当時のことを語る年長の人たちの話をうっとりとしながら聞くことができただけでした。ド・トックビルがかつて、フランス革命以前に生きた人でなければ、その当時の暮らしがどのようなものであったかを想像できまいと述べていますが、オーストリア帝国の最後の数十年について言えることも同様でしょう。当時はほとんどどの分野においても、知的な明敏さと才能の急速な成長があったのです。この点において何十人もの著名な名前をあげることができます。ウィーン大学は、それほど多くの分野のメッカでした。そして、オーストリア経済学校があり、ウィーン医学校があり、画家、作曲家、建築家、彫刻家、作家、俳優たちがいたのです。

衰退していく帝国という静水は、生まれてくるあらゆるもの、特にまだあまり知られていなかった理論物理学界に対して成長の基盤を与えたのです。そこには、人間性に重点をおいた優れた学校教育システムがあり、費用もかからなかったので、お金のない親をもった子どもたちを含め、すべての子どもたちに機会が提供されたのです。

その結果が、徹底的に教育された、男も女も含む人々の大きな社会集団だったのです。その世代に属する人たちは、その職業が例えば、医者、公務員、技師、船長などなんであれ、プラトンやセネカを原文で辞書や注釈書なしで味わうことができたのです。したがって、彼らはまた自国語の達人でもあったのです。このことが心に浮かんだのは、最近ある若い物理学者から手紙を受け取り、驚きと信じられない気持ちをつのらせながら読んだときのことです。それは文法もスペルもまちがいだらけで、いったいどうやって彼は、それ以上のレベルは言うまでもなく、高校にすら進めたのでしょうか。それなのに、彼は同僚から尊敬される大変有望な科学者なのです。きっと私の父の時代だったら、彼はそこまで進めず、教育システムはずっと早いうちに彼をはねるか、あるいは宿題を強要するかしたことでしょう。

明らかに私たちのこの時代には、教養に悩まされることなく出世できます。このことがいくつかの疑問を生じます。私たちは、専門化の結果のみに注目するのでしょうか。私の父は専門化することを恐れ、すべての方面においてジェネラリストであるよう努力しました。しかしこれは、父の世代の特徴でした。しかし、このことはそれ以上に、また、彼がまったく個人的に持ち合わせたということでもなく、彼の前進にとって何か本質的なものだったのはないでしょうか。それとも、私がお話しした若い物理学者は、天才がどんな環境のもとでも勝利することを、まさに証明しているのでしょうか。

いずれにしても、私の父の場合は、完璧な文法と完璧な綴りなくして、ギムナジウムに、まして大学に入学することはなかったでしょう。父の天才も異なった階級、おそらく自由契約の文化人に格づけされたことでしょう。有名な画家になったかもしれないし、有名な作家にはおそらくなれなかったかもしれないし、だれにわかりましょう。

しかし、当時の高等教育の重要性を強調した後には、一九一四年までに、ほとんどすべての大国が非常によく教育され高い教養をもった人々の集団によって支配され、彼らはその学識にもかかわらず、人類をこれまでで最も大きな破局へと導いたということを指摘するのが公正であると言うほかありません。これらすべてを熟考すれば、彼の受けた教育や優れた文化的洗練が、科学における業績に関連があろうとなかろうと、彼の風貌や彼が人間としてかもしだした印象にとっては欠くべからざるものだったという結論にいたらざるを得ません。父は古き時代の紳士であり、そのことが父を、一緒に暮らして大変楽しい、愛すべき人物にしました。彼は人々に過ぎ去った日々への憧れを抱かせたのです。

この点において、大変影響が大きかった彼の両親の指導を見過ごすわけにはいきません。イギリス生まれの母親の二国語の併用と家族の絆は、すぐに彼のものとなりました。彼の母は音楽を愛し、バイオリンを見事に弾きました。彼女が五四歳で乳がんで亡くなったとき、彼女の息子は楽器の熱心な練習が病気を悪化させたに違いないと主張しました。彼女の死は、父親がその二年前に亡くなったこともあわせて、エルヴィン・シュレーディンガーに悲痛な刻印を残したのです。そのとき以来それまでもっていた音楽との関係を急に断ってしまったのでした。

彼の父親は、特殊な布を製造販売するという同族事業を経営していましたが、心中では生物学者あるいは科学者で、そのうえ芸術にとてもとても興味があったようです。真にフランス語の意味でのディレッタントであって、これは肯定的な意味です。この言葉は、才能も知性もあり、自分の職業以外に興味ある分野の知識を追求するのに熱心な人を表します。祖父シュレーディンガーはまた、たくさんの蔵書をもっていて、彼の息子は実質的にものを読めるようになったその日から、それらを手当りしだい使っていたのです。あとになって父の口から聞いた数少ない本当の後悔の一つが、その蔵書を失ってしまったことで、それを彼は軽率にも彼の父の死後に売る決心をしてしまったのでした。

傑出しているとみなされ、そしてその結果著名になった人々は、伝説となる危険を冒していることになります。そのような伝説は、いつか熱心な歴史家によって虚構であることが暴かれます。ドイツ語圏の何世代もの学童たちは、ゲーテの最後の言葉が「もっと光を」だと習ってきました。今では、まるで違って、彼は若い娘さんに「お嬢さん、私の手をもう一度握って下さい」と呼びかけたのだと伝えられています。伝説とは、それが壊されたとき、しばしばまた別の伝説に置き換わります。家族という密接した仲間の中でさえ、亡くなった人の伝説的な残像が生じがちです。記憶を変形させずにおくのは難しいことです。

ここで少し、彼が自分をどんな人物だと思っていたか、またもし人に聞かれたら、彼が自分をどのように描写したかということの手がかりとなる会話や他のやりとりの断片を思い出すことが役に立つでしょう。私が鮮明に覚えているそういった会話の一つは、父が亡くなる二年前のことでした。それは、ある人の研究の進展と、将来の研究にどんな課題を選ぶかということに関するものでした。そのとき私の父は、まったく突然語気を強めてこう言ったのです。――「どんな課題を選ぶべきかなんていうことがわかる前から、私は教師になろうと決めていたんだ。」――この言葉は私の記憶の中に彫刻されていますが、伝説ではありません。そこに真のエルヴィン・シュレーディンガーの姿が垣間見えています。彼の学生の多くから聞いたところによると、彼は大変よい先生で、考えを述べるのには、話しても書いてもすばらしく明解でわかりやすい方法をもっていたそうですが――それには多国語で教育を受けたことが助けとなったでしょう――しかしそれだけでなく、それを越えて教師という職業は人生の中で別の意味をもっていました。彼がなしとげたことをするために、それは必要だった、すなわちそれは本当に役立つものだったのです。

価値のあるすばらしい思想や理念をもつ、おそらく何百万という数の人がいるのは確かです。見ともなく、その結果、その人たちの頭やその人たちが所属している社会にとって大事な理論、すなわち多くの問題に対してすばらしい答えとなるものが、毎日何千もの人たちの頭や心の中に秘蔵されてしまうのです。唯一ある問題は、それらが提出されないことであり、その結果、その思想や理念は再び失われてしまうのです。それらはその運び手に特別なものだと認められないか、あるいは彼らがそれを発表することができないのでしょう。教師という職業が私の父に霊感をもたらしたのではなく、それは教師が他の人々に比べて特に際立ったものをもつというようなものでもありません。しかし、彼が得たどんな理念を伝えるにあたっても、この大変有効な乗り物を使おうという彼の強い衝動は、おそらく彼を駆り立てた力の一部だったと思います。

五〇年以上も前に、このアイルランドの地にやってきたとき、私たちは亡命者でした。亡命者の数はそれ以来ほとんど変わっていませんが、時代は大きく変わり、そして私たちは不幸な暴力の時代の終幕を見守っているのだと信ずべき理由があります。私の父は亡命者だったので、命の安全のために故郷を離れなくてはならなかったすべての人たちに同情したことでしょう。父が亡命者となった理由は、ナチ体制に対するあからさまな反対のためです。それがなかったら、彼はウィーンに留まり、苦しむことなく戦争を生き残り、しかものちにほとんど悩みも悔やみもしないようなヒットラーの賢人の一人になってしまったことでしょう。

生まれゆえに迫害された何百万人もの気の毒な人々と違って、彼には選択権がありました。彼は立ち去ることを選びました。しかも、多くの人々と異なって、私たちには特権が与えられました。私たちは外国に受け入れを懇願する必要もありませんでしたし、追い返されることを恐れることもありませんでした。私たちは招待され、そして惜しみない歓待を受けました。それゆえ、私たちは永久にアイルランドとその地の人々、そして私の父の最も親しい友人、エーモン・デ・ヴァレラ氏に感謝します。

私はこのことを過去に幾度も述べてきました。そして、私たちがダブリンに来てから半世紀以上たった今日、この美しい町でのこの幸せな機会に、それをまたくり返すことができてとても幸せです。

訳者あとがき

生命現象は、これまで自然科学の世界に君臨してきた物理学者たちにとっては、自分たちのアプローチを拒絶する存在として、いやがうえにも闘争心をかきたてる対象らしい。一方、その対極にあるのが古生物学者の一派で、「物理学で生命がわかるはずがない」「生命は理論的思考では絶対にわかるものではなく、まずフィールドに出て地層に埋められた化石からのメッセージを解読しよう」と呼びかけている。

この本は、物理学者として世界で最初に生物学について興味をもち、生命の謎に挑んだ世紀の物理学者シュレーディンガーが、一九四三年アイルランドのダブリンにあるトリニティカレッジで行った一般市民向けの講義「生命とは何か」の五〇年後を記念して、同じ場所で開かれた会議の報文集である。そうそうたる論客たちの熱い思いが伝わってくる。

この中で、わが国でも比較的名が知られており、哲学的な著書のある著者たちについて簡単に紹介しておこう。

第二章の著者アイゲンは、一九六七年度のノーベル化学賞受賞者で、理論化学者ピーター・シェスターとともに自然淘汰が失敗する場合のケース「エラーによる崩壊」を発見し、その重要性を指摘したことで知られている。彼が第二章で提起した問題点の「エイズは今世紀中には解けない」という予言は不幸にも的中している。

第三章の著者グールドは、カンブリア紀における種の大爆発について記述した『ワンダフルライフ』（邦訳：早川書房）の著者で、前述の古生物学者の代表である。彼の物理嫌いは全編に横溢しており、むしろ爽快ですらある。彼は無生物である「非周期性結晶」が生命であるはずがないという堅い信念をもっている。したがって、彼の主張は野に出て観察しよう、それから「生命とは何か」を議論しようではないか、ということに尽きるのである。

第八章の著者カウフマンは、ワールドロップの著書（邦訳『複雑系』新潮社）で知られるサンタフェ研究所のまぎれもない主役であるし、一九九五年に出版された彼の著書（邦訳『自己組織化と進化の論理』日本経済新聞社）で日本の読者にはなじみが深い。第八章で展開している彼の議論は第三章でグールドが、どちらかといえば感情的に排除した「非周期性結晶」の有用性について冷静に批判している。

彼は生命系を自己複製し触媒作用をする小集合と規定したうえで、「もしも、自己複製する系が遺伝情報なしで進化できるならば、DNA（非周期性固体）は生命の発生にも進化にも不要」と切り捨ててはいるものの、五〇年前にはこんな考え方をしようにも大型コンピュータがなかったのだから、無理もないこととしている。このあたり、読者としては大いに反論があろう。

第九章もやはり高名な数学者・理論物理学者のペンローズの手になる一文である。彼は人工知能とはどんなに進化しても心や意識をもつことはもちろん、心を理解することもできないと考えている。では、いったい心をどのように理解したらよいか。その答えはペンローズによれば、シュレーディンガー方程式で表される量子力学的世界観を自然の要求に合わせるように変更すれば可能であると説く。ただし、そこでは「量子力学的絡み合い」というシュレーディンガーが最初に提唱した、彼の専門領域での確率というコンセプトが心の理解に役立つというのである。第九章は比較的短く内容的には極めて高度なので、もっとペンローズの世界が知りたい方は、この会議の少し前に書かれた著書（邦訳『皇帝の新しい心』みすず書房）を一読されることをお薦めする。

そして、第十一章のハーケンはレーザー理論やシナジェティクスの開拓者として高名な理論物理学者でわが国でも『脳機能の原理を探る』（邦訳：シュプリンガー・フェアラーク東京）という著書で知られている。シナジェティクスという言葉は「全体的な効果に寄与する各要素の協力作用」（高辻正基著『協力現象とはなにか』講談社）を意味するシナージィに由来しており、直接的には著名な生理学者シェリントンが名づけた新語である。適切な訳語のないまま、シナジェティクスという術語が本邦でも定着しはじめている。本書の中ではこの十一章が最も難解で数式も多い。しかし、彼が文中で指摘していることだが、「脳は意味のある課題に向き合えば直ちにコヒーレント（位相のそろった）な時間的空間的パターンを提示できる」という主張は大変示唆に富むものであり、ペンローズやカウフマンにあきたらなさを感じた読者諸兄姉にも知的満足感を与えることができるのではないだろうか。

このように見てくると、本書はシュレーディンガーに始まった「生命とは何か」といった課題に挑戦する現代のオピニオンリーダーたちの仕事のいわば「リーダーズ・ダイジェスト」として位置づけられる。

さて、最後に偉大な理論物理学者シュレーディンガーに触れないわけにはいかないだろう。わが国の誇る理論物理学者でノーベル賞受賞者の湯川秀樹教授が梅棹忠夫氏との対談で「生命を記述する物理学」がいずれ現れるだろうと語り、湯川先生の学友であった、これも当時最高の理論物理学者小谷正男先生がわが国の生物物理学の創始者となったことも、シュレーディンガーと無縁ではあるまい。それほど一九六七年に出版された『生命とは何か』(邦訳:岩波書店)はわが国の科学者たちに強いインパクトを与えたと想像できる。

シュレーディンガーの人生をあますことなく描写したウォルター・ムーア博士の著書(邦訳『シュレーディンガー:その生涯と思想』培風館)からはシュレーディンガーの生きた時代のオーストリアやダブリンの様子がよくわかり、グールドが嫌ったモダニストやダーウィン主義者の考え方がわかろうというものである。本書とあわせて一読をお薦めする。

私事で恐縮であるが、一九七七から七八年にかけて、私は文部省の在外研究員としてオーストラリアのシドニー大学化学教室に滞在した。そこの主任教授が実は『シュレーディンガー』の著者で物理化学者のムーア博士であった。彼がなぜシュレーディンガーに興味をもったかというと、当時オーストラリアのクィーンズランド大学にいた彼の親友バス教授が、実はシュレーディンガーの最後のポスドクであったからである。私が本書の原書を見たとき、そのような因縁が心に浮かび、本書の翻訳を即決したのである。

しかし、英文はどれもこれも驚くほど難解で、通常、われわれが手にとる論文や評論の比ではなかった。再三、再四、当時東海大学の英語専門教員だったジェニファー・ワトソン氏の協力を仰いだ。結局、山梨大学工学部の堀　裕和助教授という練達な英語力をもった物理学者にめぐり逢い、このほどようやく完訳にこぎつけた。このほか、以前当研究室の研究生だった小島比呂志氏、また現在博士課程に在学中の亀山未帆さんにも協力していただいた。培風館編集部の岩瀬智子氏にはさんざん迷惑をおかけした。本書が洛陽の紙価を高めることになれば、せめてものお礼となるのだが、読者諸兄姉のご協力をお願いしたい。

二〇〇一年六月

吉岡　亨

Program in Complex Systems & Brain Science, Center for Complex Systems, Florida Atlantic University, Boca Raton, FL, USA

John Maynard Smith（ジョン・メイナード・スミス）

Biology Building, The University of Sussex, Falmer, Brighton, Sussex BN1 9QG, UK

Michael P. Murphy（マイケル・P・マーフィー）

Department of Biochemistry, University of Otago, Box 56, Dunedin, New Zealand

Luke A. J. O'Neill（ルーク・A・J・オニール）

Department of Biochemistry, Trinity College, Dublin 2, Ireland

Roger Penrose（ロジャー・ペンローズ）

Mathematical Institute, 24-29 St Giles, Oxford OX1 3LB, UK

Eric D. Schneider（エリック・D・シュナイダー）

Hawkwood Institute, P. O. Box 1017, Livingston, MT 59047, USA

Eörs Szathmáry（エールス・サトマーリ）

Department of Plant Taxonomy and Ecology, Eötvos University, Budapest, Hungary

Walter Thirring（ウォルター・ティリング）

Institut für Theoretische Physik, Universität Wien, Boltzmanngasse 5, A-1090 Wien, Austria

Lewis Wolpert（ルイス・ウォルパート）

Department of Anatomy and Developmental Biology, University College and Middlesex School of Medicine, Windeyer Building, Cleveland Street, London WIP 6DB, UK

講演者・寄稿者

Ruth Braunizer（ルース・ブラウニツァー）
A-6236 Alpbach 318, Tirol, Austria

Christian de Duve（クリスチャン・ド・デューブ）
ICP 75.50, Avenue Hippocrate 75, B-1200 Brussels, Belgium

Jared Diamond（ジャレド・ダイアモンド）
Department of Physiology, UCLA Medical Center, 10833 Le Conte Avenue, Los Angeles, CA 90024-1751, USA

Manfred Eigen（マンフレッド・アイゲン）
Max Planck Institut für Biophysikalische Chemie, Postfach 2841, D-37077 Göttingen, Germany

Stephen Jay Gould（スティーヴン・ジェイ・グールド）
Museum of Comparative Zoology, Harvard University, 26 Oxford Street, Cambridge MA 02138, USA

Hermann Haken（ハーマン・ハーケン）
Institute for Theoretical Physics & Synergetics, University of Stuttgart, Stuttgart, Germany

Stuart A. Kauffman（スチュアート・A・カウフマン）
Santa Fe Institute, 1660 Old Pecos Trail, Suite A, Santa Fe, NM 87501, USA

James J. Kay（ジェームス・J・ケイ）
Environment and Resource Studies, University of Waterloo, Waterloo, Ontario, Canada N21 3G1

J. A. Scott Kelso（J・A・スコット・ケルソー）

——エクセルギー(exergy) 254
——への転移(disorder-order transitions) 216

モダニズム(modernism) 44

や 行

誘導分子(inducer molecule) 91
ゆらぎ(fluctuation) 223

ら 行

ライエル，チャールズ(Lyell, Charles) 52
ラスコー洞窟(Lascaux Cave) 75
ランダマイザー(randomizer) 188

リガンド結合(ligand binding) 152
利己的遺伝子(selfish gene) 246
リップマン，フリッツ(Lipmann, Fritz) 14
リボザイム(ribozymes) 126, 139
——のコファクター(cofactors) 111
リュービルの定理(Liouville's theorem) 136,166
量子計測(quantum measurement) 188
量子状態(quantum state)
——重み因子(weighting factors) 185
——跳躍(jumping) 187
量子的絡み合い(quantum entanglement) 191-195
量子力学(quantum mechanics) 133,205
臨界点近傍(critical points) 221

ル・シャトリエの法則(Le Chatelier's principle) 257

隷属化原理(slaving principle) 221-224,246
レイリー・ベナールの不安定性(Rayleigh-Benard instability) 220

ローレンツ，コンラート(Lorenz, Konrad) 245
論理的実証主義(logical positivism) 43

わ 行

ワールブルグ，オットー(Warburg, Otto) 14
ワトソン，ジェームズ(Watson, James) 12,17,138,252,268

複雑状況(complex regimes) 159
物理系(physical system)
——古典的な発展C(classical evolution (C)) 187
——のユニタリー的発展U (unitary evolution (U)) 187-191,195
フラー，バックミンスター(Fuller, R. Buckminster) 63
ブラックホール(black hole) 209
ブールネットワーク(Boolean networks) 154-174
格子——(lattice) 167
——状態サイクル(state cycles) 157
ランダム——(random) 154,155,168
プリゴジン系(Prigoginean systems) 266
プロテノイド熱合成実験(proteinoid thermal synthesis) 128
分化(differentiation) 97
分子の進化(molecular evolution) 20
分子生物学(molecular biology) 12,218

平均寿命(life expectancy) 8
ベナールセル(Benard cells) 137,256,266
ペプチド(peptides)
——合成(synthesized) 125
——転移反応(transpeptidation) 143
ベル，ジョン(Bell, John S.) 193
ペルツ，マックス(Perutz, Max) 12
ベローソフ・ジャボチンスキー反応(Belousev-Zhabotinski reaction) 222
変異種(体)(mutants, mutations) 20,27

ポストモダニズム(postmodernism) 45,54
ホメオボックス遺伝子(homeobox genes) 96-98
ホモ・エレクタス(*Homo erectus*) 70
ホモ・サピエンス(*Homo sapiens*) 70
ポリリン酸(polyphosphate) 128
ポーリング，ライナス(Pauling, Linus) 12
ボルツマン，ルードヴィッヒ(Boltzmann, Ludwig) 19,251,259

ま　行

マイコプラズマ(mycoplasma) 140
マイヤーホフ，オットー(Meyerhof, Otto) 14

無秩序からの秩序(order from disorder) 4,252-268

252
——の統一原理(unified principle) 255

脳(brain) 21,236,246
——における協同作用(coordination) 226
——の自己組織化(self-organization) 236-246
——の磁場の活動度(magnetic field activity) 237
——のパターン形成(pattern forming) 241

は 行

排卵隠蔽(concealed ovulation) 70
バージェス頁岩(Burgess Shale) 58
パターン(pattern) 219-229
——形成(formation) 215, 219,226
発生(development) 89
——セルオートマトンモデル(cellular automata models) 99
——のシミュレーション(simulation) 103
発生学(embryology) 91
波動関数(wavefunction) 186-198
場の理論(field theory) 211
ハミング距離(Hamming distance) 163
ハミング近隣(Hamming neighbours) 170
反応-拡散機構(reaction-diffusion mechanisms) 99

ピカイア属(Pikaia genus) 62
非計算機的な作用(non-computational action) 200
非周期性固体(結晶)(aperiodic solid (crystal)) 3,131-134, 137,151,153,167,176
ピジン語(pidgin) 83,84
非線形動力学(nonlinear dynamics) 216,219
ヒト(humans)
——の言語(言葉)(language) 78,107,114-121
——の創造性(inventiveness) 65-88
——の脳のサイズ(brain size) 69,70,74
——のゲノム解析(human genome sequencing) 86
——免疫欠陥ウイルス(HIV)(human immunodeficiency virus) 24-27
非平衡系(nonequilibrium systems) 257
ピロリン酸(pyrophosphate) 128

ファン・デル・ローエ，ミース(van der Roher, Mies) 44
フェルミ統計(Fermi statistics) 209
フォン・キーデロフスキー(von Kiederowski G.) 148,151

た 行

TATA ボックス(TATA boxes) 161
代謝(metabolism) 16,126
大量絶滅(mass extinctions) 58
ダーウィン，チャールズ(Darwin, Charles) 18,150,245
——自然選択(natural selection) 176
——の選択説(Darwinian selection) 217
タンパク質(protein) 12,22,124
——の折り畳み(folding) 102
——の三次構造(three-dimensional structure) 102

チオエステル(thioesters) 128
秩序(order) 173
——からの秩序(order from order) 4,252,266
——個体発生(ontogeny) 173
——状況(ordered regime) 159
——変数(collective variables) 221
中枢神経系(central nervous system) 16,22,36
チューブリン(tubulin) 199
チューリング(Turing)
——不安定性(instability) 222
——マシン(machine) 182,188
直立姿勢(posture upright) 70
チンパンジー(common chimpanzee) 66
——の言語能力(linguistic capabilities) 79

デ・ヴァレラ，エーモン(de Valera, Eamonn) 1,278
DNA
——の二重らせん(double helix) 12,138
——の複製(replication) 107
TOE(Theory of Everything) 205,212
テーラー・クエット系(Taylor-Couette system) 221
デルブリュック，マックス(Delbrück, Max) 2,12,40

ドーキンス，リチャード(Dawkins, Richard) 246

な 行

二値変数(binary variables) 160,162,163

ヌクレオチド(nucleotides) 138

ネアンデルタール人(Neanderthals) 70,72
——の消滅(disappearance) 77
熱力学(thermodynamics) 2,3,211,251,254,259
非平衡——(nonequilibrium)

シャノン，クロード(Shannon, Claude) 19
ジャボチンスキー反応(Zhabotinsky reactions) 137
収束(convergence) 166
種の絶滅(extinction of species) 56,66,75
シュレーディンガー，エルヴィン(Schrödinger, Erwin) 1,4,47,50,62,193,251,274
——秩序からの秩序(order from order) 224,252,268
——微視的コード(microcode) 131,132
——非周期性固体(aperiodic solid) 131,132,133,138,151,153,167,176
——亡命者(refugee) 277
——無秩序からの秩序(order from disorder) 224,252,258,268
——量子力学(quantum mechanics) 133
——の猫のパラドックス(Schrödinger's cat paradox) 191,194
——方程式(Schrödinger equation) 185,190
蒸散(evapotranspiration) 261
状態ベクトルの収縮R(state-vector reduction (R)) 187,195,198
情報理論(information theory) 19
ジョーダン，パスカル(Jordan, Pascual) 11
進化(evolution) 16,19
真核細胞(eukaryotic cell) 91
神経シグナル(nerve signals) 199
人工知能(artificial intelligence) 181
新天変地異説(neocatastrophism) 53

水路づけ機能(canalizing functions) 174

生殖質説(germ plasma theory) 130
生態系(ecosystems) 262-265
——のエクセルギー(exergy) 263
——のエネルギー論(energetics) 265
生物の多様性(biodiversity) 267
生命の起源(origin of life) 153
世界人口(world population) 9
脊索動物群(chordate group) 62

相体積(phase space volumes) 135
相転移(phase transition) 216
自発的——(spontaneous) 229
——生命の起源(origin of life) 138
非平衡——(nonequilibrium) 216,224
ソスタック，ジャック(Szostak, Jack) 139

形質遺伝(inheritance)　12,252
形態形成(morphogenesis, patterning)　96
——因子(morphogen)　91
ゲーデル, クルト(Gödel, Kurt)　183,211
KL 法(Karhunen-Loève method)　240-242
ゲノム(genome)　18
言 語(言 葉)(language)　78-88, 114-115
ヒト——(human)　114
言語能力(linguistic competence)　115-116,121
——の遺伝子座(gene loci)　122
原始代謝(protometabolism)　126,127
原腸陥入(gastrulation)　96,97, 101
ケンドリュー, ジョン(Kendrew, John)　13

恒常性(homeostasis)　167
コドン(codons)　108
コファクター(cofactors)　111

さ　行

細胞型(cell types)　93,174
サル型免疫不全ウイルス(simian immunodeficiency virus (SIV))　26
散逸系(dissipative system)　256
散逸構造(dissipative structures)　256
GRW 状態収縮の機構(GRW state-reduction scheme)　190,194,196
シグナル分子(signalling molecules)　90,97
思考(thinking)　117
自己収縮(self-reduction)　198
自己触媒系(collectively autocatalytic systems)　149, 152
自己組織化(self-organization)　176
開放系における——(open systems)　216
——理論(theory)　18
——自己触媒(autocatalysis)　258
——初等協同作用動力学(elementary coordination dynamics)　226
自己複製(self-reproduction)　15
^{14}C 年代推定法(carbon-14 dating)　87
シス型活性促進剤(*cis* acting promoters)　161
自然選択(natural selection)　16,19,20
シナジェティクス(synergetics)　214-246
——脳のパターン形成(brain pattern formation)　243
——非線形動力学(nonlinear dynamics)　219
シナプスの作用(synaptic action)　199

エルゴード仮説(ergodic hypothesis) 136
塩基対(base pairing) 17
エントロピー(entropy) 252, 254
　――の奪い合い(competition) 259
　負の――(negentropy) 4
エンハンサー(enhancers) 161

オーゲル，レスリー(Orgel, Leslie) 138
オブザーバブル(observables) 205

か　行

階層性(hierarchy) 55
開放系(open systems) 217
ガウス型関数(Gaussian function) 190
カオス(chaos) 164
　――原理(principle) 225
　決定論的――(deterministic) 224
　――的な計算(chaotic calculation) 289
　――のふち(edge) 167
科学統一運動(unity of science movement) 43,44
核酸(nucleic acids) 17
カルナップ，ルドルフ(Carnap, Rudolf) 43
環境問題(environment problems) 11
還元主義(論)(reductionism) 45,51
還元論的モダニズム(reductive modernism) 49,51
カンブリア紀の爆発(Cambrian explosion) 58,62

協同作用(coordination) 218
　相対的な――(relative) 234
協同作用の動力学(coordination dynamics) 225,231-235
　――コントロールパラメータ(control parameters) 228
　――間欠(intermittency) 234
　――対称性を破る項(symmetry breaking term) 233-234
　――方程式(equations) 229, 236
恐竜(dinosaurs) 62

空間次元(space dimensions) 297
組換えDNA技術(recombinant DNA technology) 13
クリック，フランシス(Crick, Francis) 12,17,40,138,252
クレオール語(creole) 83,84
グレートリープフォワード(Great Leap Forward) 77, 78,87
クレブズ，ハンス(Krebs, Hans) 14
クロマニョン人(Cro-Magnon man) 74

計算(computation) 182

索　引

あ　行

アインシュタイン，アルバート(Einstein, Albert)　214,272
——の一般相対性理論(general theory of relativity)　196
——の重力場理論(gravitational theory)　196
アスペ，アラン(Aspect, Alain)　193
温め(熱せ)られている流体(fluid heating)　220,256
熱いクラスター(hot cluster)　209
アトラクタ(attractors)　174, 224,229
——収束(convergence)　166
アミノ酸(amino acids)　108, 111
——の自発的な高分子化(spontaneous polymerization)　124
RNA　22,124
——ポリメラーゼ(polymerase)　139
Urgleichung　205
アルバレスの仮説(Alvarez hypothesis)　56
生き物(living things)　233
不安定性の近くにある——(closeness to instability)　244
意識(consciousness)　182
遺伝(heredity)　2,3
——性変異(heritable variation)　131
——物質(hereditary material)　47,49
遺伝子(gene)　3
——の安定性(stability)　40
——の冗長性(redundant)　93,110
因果的斉一性(causal uniformity)　53

エイズ(後天性免疫不全症候群)(AIDS)　24-30
エクセルギー(exergy)　254
SQUIDS　237-239
エステル転移反応(transesterification)　143
HKB 力学(HKB dynamics)　229
エネルギー(energy)　211
——系(system)　254
——の劣化(degradation)　267

訳者略歴

堀(ほり) 裕和(ひろかず)

一九七八年　京都大学工学部卒業
一九八三年　京都大学大学院工学研究科修了
現　　在　山梨大学工学部助教授
　　　　　工学博士

吉岡(よしおか) 亨(とおる)

一九五九年　早稲田大学理工学部卒業
現　　在　早稲田大学人間科学部教授
　　　　　理学博士

生命とは何か—それからの50年

未来の生命科学への指針

二〇〇一年 七 月一二日　初 版 発 行
二〇〇二年 九 月二〇日　初版第二刷発行

編　者　M・P・マーフィー
　　　　L・A・J・オニール

共訳者　堀　　裕　和
　　　　吉　岡　　亨

発行者　山　本　　格

発 行 所　株式会社 培 風 館

東京都千代田区九段南四-三-一二 郵便番号102-8260
電話(〇三)三二六二-五二五六(代表)・振替〇〇一四〇-七-四四七二五

印刷・製本　東洋経済印刷

PRINTED IN JAPAN

ISBN4-563-07769-0 C3045